Matematica per i Concorsi

Schede di Matematica per prepararsi e superare i test preselettivi nei concorsi pubblici.

- Aritmetica
- Algebra
- Geometria
- Formulario

A cura di *Pasquale GALLO*

INDICE

Schede numeri

SCHEDA 1	I numeri	4
SCHEDA 2	Le quattro operazioni	6
SCHEDA 3	Le potenze	8
SCHEDA 4	Multipli e divisori	10
SCHEDA 5	Le frazioni	13
SCHEDA 6	Calcolo con le frazioni	17
SCHEDA 7	Numeri decimali e radici	20
SCHEDA 8	Rapporti e proporzioni	23
SCHEDA 9	Proporzionalità	25
SCHEDA 10	Dati e previsioni	29
SCHEDA 11	Numeri relativi e calcolo	31
SCHEDA 12	Calcolo letterale	36
SCHEDA 13	Equazioni	40
SCHEDA 14	Piano cartesiano e grafici	42
SCHEDA 15	Insiemi	46
SCHEDA 16	Calcolo delle probabilità e indagini	48

Schede figure

SCHEDA 17	Segmenti, angoli e rette	51
SCHEDA 18	Poligoni	55
SCHEDA 19	Triangoli	57
SCHEDA 20	Quadrilateri	60
SCHEDA 21	Area dei poligoni	63
SCHEDA 22	Teorema di Pitagora	67
SCHEDA 23	Circonferenza e cerchio	69
SCHEDA 24	Figure simili	73
SCHEDA 25	Misura di circonferenza e cerchio	75
SCHEDA 26	Solidi e misure	77
SCHEDA 27	Poliedri	81
SCHEDA 28	Solidi di rotazione	84

Formulario

Tavole di multipli e scomposizioni	88
Perimetro dei poligoni	90
Area dei poligoni	91
Sistema di misura decimale	92
Volumi e aree dei solidi	94
Tavola dei numeri fissi	96

SCHEDA 1 — I NUMERI

	Definizioni e termini	Significato di cifre e simboli
Numeri naturali	I numeri naturali sono quelli che si utilizzano per contare: 0, 1, 2, 3, 4, 5, … Il loro insieme si indica con la lettera **N**. Ordinandoli dal minore al maggiore, quello che viene prima di uno di essi si chiama suo **precedente** e quello che viene dopo si chiama suo **successivo**. **Esempio** Per il numero 3: • 2 è il suo precedente; • 4 è il suo successivo.	Le cifre che formano un numero naturale hanno un significato diverso a seconda della loro posizione. **Esempio** Nel numero 2457 il significato delle cifre è: • 7 unità (1): 7×1 • 5 decine (10): 5×10 • 4 centinaia (100): 4×100 • 2 migliaia (1000): 2×1000
Numeri decimali	I numeri decimali sono formati da una **parte intera**, che precede la virgola, e da una **parte decimale**, che la segue. **Esempio** Nel numero 43,578: • 43 è la parte intera; • 578 è la parte decimale.	In un numero decimale anche le cifre decimali hanno un significato diverso a seconda della loro posizione. **Esempio** Nel numero 43,578 il significato delle cifre decimali è: • 5 decimi (0,1): $5 \times 0{,}1$ • 7 centesimi (0,01): $7 \times 0{,}01$ • 8 millesimi (0,001): $8 \times 0{,}001$
Numeri interi	I numeri interi sono lo 0 e gli altri numeri naturali preceduti dal **segno +**, detti **interi positivi**, o dal **segno −**, detti **interi negativi**. **Esempi** • +5, +1 sono interi positivi. • −4, −3 sono interi negativi.	I numeri interi negativi si devono sempre far precedere dal segno meno. I numeri interi positivi si possono invece scrivere anche senza segno più. **Esempio** +5 = 5

Confronto e rappresentazione

Numeri naturali

I principali simboli per confrontare tutti i tipi di numeri sono:

≠ che significa **diverso**; < che significa **minore**; > che significa **maggiore**.

Esempi
- 3 ≠ 4   3 è diverso da 4
- 3 < 4   3 è minore di 4
- 4 > 3   4 è maggiore di 3

I numeri naturali si possono rappresentare sulla **semiretta graduata**:

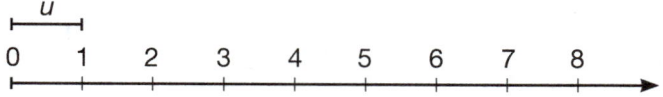

Numeri decimali

Per confrontare i numeri decimali sono utili queste regole pratiche.

1) Se in un numero decimale si aggiungono o si tolgono quanti zeri si vogliono dopo l'ultima cifra decimale, il suo valore non cambia.

   Esempio
   4,20 = 4,2 = 4,200

2) Se due numeri decimali hanno la **parte intera diversa** allora è maggiore quello con la parte intera maggiore.

   Esempio
   8,92 > 7,95 perché 8 > 7.

3) Se due numeri decimali hanno la **parte intera uguale** allora, dopo aver pareggiato le cifre decimali con gli zeri, è maggiore quello con la parte decimale maggiore.

   Esempio
   4,2 > 4,15 perché, pareggiando le cifre decimali, si ha 4,20 > 4,15 essendo 20 > 15.

Numeri interi

Per confrontare i numeri interi è utile rappresentarli sulla **retta orientata**:

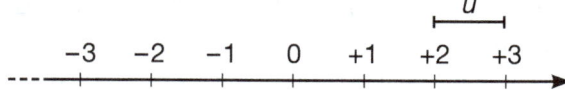

Se due numeri interi sono diversi allora è maggiore quello che sulla retta orientata è più a destra o, viceversa, è minore quello più a sinistra.

Esempi
- −1 > −3 perché −1 è più a destra di −3.
- −3 < −1 perché −3 è più a sinistra di −1.

SCHEDA 2 — LE QUATTRO OPERAZIONI

	Definizioni e termini	Proprietà
Addizione	L'addizione è l'operazione che serve a trovare la **somma** di due numeri detti **addendi**. Il suo simbolo è **+**. *Esempio* 2 + 3 = 5 • 2 e 3 sono gli addendi; • 5 è la somma. Il risultato dell'addizione di due numeri naturali è sempre un numero naturale.	**1) Proprietà commutativa** Cambiando l'ordine degli addendi la somma non cambia. *Esempio* 2 + 3 = 3 + 2 = 5 **2) Proprietà associativa** In una addizione con più addendi, si possono "associare" due di essi in qualsiasi ordine. *Esempio* (2 + 3) + 4 = 2 + (3 + 4) = 9 **3) Elemento neutro** È 0 perché addizionandolo a un addendo si ottiene l'addendo stesso. *Esempio* 2 + 0 = 0 + 2 = 2
Sottrazione	La sottrazione è l'operazione che serve a trovare la **differenza** tra due numeri: il primo è detto **minuendo** e il secondo è detto **sottraendo**. Il suo simbolo è **−**. *Esempio* 5 − 3 = 2 Prova: 2 + 3 = 5 • 5 è il minuendo; • 3 è il sottraendo; • 2 è la differenza. Il risultato della sottrazione di due numeri naturali non sempre è un numero naturale. *Esempio* 3 − 5 = −2 (numero intero negativo)	**1) Proprietà invariantiva** Aggiungendo o togliendo uno stesso numero ai due termini di una sottrazione il risultato non cambia. *Esempio* 5 − 3 = (5 + 7) − (3 + 7) = 12 − 10 = 2 **2) Sottrazioni particolari** • La differenza tra due numeri uguali è 0. *Esempio* 5 − 5 = 0 • La differenza tra un numero e 0 è uguale al numero stesso. *Esempio* 5 − 0 = 5

LE QUATTRO OPERAZIONI

	Definizioni e termini	Proprietà
Moltipli-cazione	La moltiplicazione è l'operazione che serve a trovare il **prodotto** di due numeri detti **fattori**. Il suo simbolo è **×** oppure ·. *Esempio* 2 × 3 = 6 • 2 e 3 sono i fattori; • 6 è il prodotto. Il risultato della moltiplicazione di due numeri naturali è sempre un numero naturale.	**1) Proprietà commutativa**: cambiando l'ordine dei fattori il prodotto non cambia. *Esempio* 2 × 3 = 3 × 2 = 6 **2) Proprietà associativa**: in una moltiplicazione con più fattori, si possono "associare" due di essi in qualsiasi ordine. *Esempio* (2 × 3) × 4 = 2 × (3 × 4) = 24 **3) Elemento neutro**: è 1 perché moltiplicandolo per un fattore si ottiene il fattore stesso. *Esempio* 2 × 1 = 1 × 2 = 2 **4) Elemento assorbente**: è 0 perché moltiplicandolo per un fattore si ottiene sempre 0. *Esempio* 2 × 0 = 0 × 2 = 0 **5) Proprietà distributiva**: si applica rispetto all'addizione o alla sottrazione "distribuendo" un fattore sui loro termini. *Esempio* (5 + 2) × 4 = 5 × 4 + 2 × 4 = 20 + 8 = 28
Divisione	La divisione è l'operazione che serve a trovare il **quoziente** tra due numeri: il primo è detto **dividendo** e il secondo è detto **divisore**. Il suo simbolo è **:**. *Esempio* 6 : 3 = 2 Prova: 2 × 3 = 6 • 6 è il dividendo; • 3 è il divisore; • 2 è il quoziente. La divisione di due numeri naturali non sempre è un numero naturale. *Esempio* 4 : 5 = 0,8 (numero decimale)	**1) Proprietà invariantiva**: moltiplicando o dividendo per uno stesso numero (diverso da zero) i due termini di una divisione il risultato non cambia. *Esempio* 16 : 8 = (16 × 2) : (8 × 2) = 32 : 16 = 2 **2) Proprietà distributiva**: si applica rispetto all'addizione o alla sottrazione "distribuendo" il dividendo sui loro termini. *Esempio* (6 + 4) : 2 = 6 : 2 + 4 : 2 = 3 + 2 = 5 **3) Il divisore è sempre diverso da zero** *Esempio* 5 : 0 è impossibile perché non c'è nessun numero che moltiplicato per 0 dia 5.

SCHEDA 3 — LE POTENZE

Definizioni e termini	Procedimenti
Elevamento a potenza — Elevare un numero alla seconda, alla terza, alla quarta, ... significa moltiplicarlo per se stesso due, tre, quattro, ... volte. Il risultato si chiama **potenza**. Elevare 2 alla terza significa moltiplicarlo per se stesso per 3 volte e la potenza si scrive: 2^3 — **base** è il numero da moltiplicare; **esponente** indica quante volte moltiplicare la base.	**Esempi** • 2^3 si legge "2 alla terza" ed è uguale a 8 perché: $2^3 = 2 \times 2 \times 2 = 8$ • 3^2 si legge "3 alla seconda" ed è uguale a 9 perché: $3^2 = 3 \times 3 = 9$
Potenze particolari • Un numero elevato alla 1 è uguale al numero stesso. • Un numero (tranne 0) elevato alla 0 è uguale a 1. • Il numero 1 elevato a un qualsiasi esponente è sempre uguale a 1. • Il numero 10 elevato a un esponente è uguale a 1 seguito da tanti zeri quanti ne indica l'esponente.	**Esempi** • $5^1 = 5$ • $5^0 = 1$ • $1^5 = 1 \times 1 \times 1 \times 1 \times 1 = 1$ • $10^0 = 1$ $10^1 = 10$ $10^2 = 10 \times 10 = 100$ $10^3 = 10 \times 10 \times 10 = 1000$
Proprietà di potenze con uguale base • **Prodotto** — Il prodotto di due potenze con uguale base è la potenza che ha la stessa base e per esponente la **somma degli esponenti**. • **Quoziente** — Il quoziente di due potenze con uguale base è la potenza che ha la stessa base e per esponente la **differenza degli esponenti**. • **Potenza di potenza** — La potenza di una potenza è la potenza che ha la stessa base e per esponente il **prodotto degli esponenti**.	**Esempi** addizione • $2^3 \times 2^2 = 2^{3+2} = 2^5 = 32$ ↑ base uguale sottrazione • $2^5 : 2^3 = 2^{5-3} = 2^2 = 4$ ↑ base uguale moltiplicazione • $(2^3)^2 = 2^{3 \times 2} = 2^6 = 64$ ↑ base uguale

LE POTENZE

	Definizioni e termini	Procedimenti
Proprietà di potenze con uguale esponente	• **Prodotto** Il prodotto di due potenze con uguale esponente è la potenza che ha lo stesso esponente e per base il **prodotto delle basi**. • **Quoziente** Il quoziente di due potenze con uguale esponente è la potenza che ha lo stesso esponente e per base il **quoziente delle basi**.	**Esempi** esponente uguale ↓ • $2^4 \times 5^4 = (2 \times 5)^4 = 10^4 = 10\,000$ ↑ moltiplicazione esponente uguale ↓ • $15^4 : 5^4 = (15 : 5)^4 = 3^4 = 81$ ↑ divisione
Applicazione in scienze	Un numero molto grande si può scrivere in **notazione scientifica** indicandolo come prodotto di un numero, anche decimale, compreso tra 1 e 10 e una potenza di 10.	**Esempi** • 70 000 in notazione scientifica si scrive 7×10^4; infatti: $70\,000 = 7 \times 10\,000 = 7 \times 10^4$ • $2{,}31 \times 10^5$ è la notazione scientifica di 231 000; infatti: $2{,}31 \times 10^5 = 2{,}31 \times 100\,000 =$ $= 231\,000$
Applicazione in geometria	• Per calcolare l'**area di un quadrato** si eleva alla seconda (cioè con esponente 2) la misura del lato del quadrato. • Per calcolare il **volume di un cubo** si eleva alla terza (cioè con esponente 3) la misura del lato di una sua faccia.	**Esempi**   • Se la misura del lato di un quadrato è 5 cm, allora la sua area è: 5^2 cm² $= (5 \times 5)$ cm² $= 25$ cm² • Se la misura del lato di una faccia del cubo è 5 cm, allora il suo volume è: 5^3 cm³ $= (5 \times 5 \times 5)$ cm³ $= 125$ cm³

SCHEDA 4 — MULTIPLI E DIVISORI

	Definizioni e termini	Procedimenti
Multipli	Un **multiplo** di un numero naturale si ottiene moltiplicandolo per un altro numero naturale. Quindi i multipli di un numero naturale sono 0, se stesso, il suo doppio, il suo triplo, …	**Esempio** I multipli di 6 sono 0, 6, 12, 18, 24, … perché: $6 \times 0 = 0$ $6 \times 1 = 6$ $6 \times 2 = 12$ $6 \times 3 = 18$ $6 \times 4 = 24$ …
Divisori	Un numero naturale è **divisibile** per un altro, chiamato suo **divisore**, se il resto della loro divisione è zero. *è divisibile per* 6 ⇄ 2 *è divisore di* Quindi un numero naturale maggiore di uno ha come divisori sicuramente 1 e se stesso.	**Esempio** 6 è divisibile per 1, 2, 3, 6 che sono suoi divisori perché: $6 : 1 = 6$ con resto 0 $6 : 2 = 3$ con resto 0 $6 : 3 = 2$ con resto 0 $6 : 6 = 1$ con resto 0
Criteri di divisibilità	I criteri di divisibilità sono delle regole per capire se un numero naturale è divisibile per un altro senza fare la divisione. • **Criterio di divisibilità per 2** Un numero naturale è divisibile per 2 se termina con la cifra 0, o 2, o 4, o 6, o 8. • **Criterio di divisibilità per 3** Un numero naturale è divisibile per 3 se la somma delle sue cifre è un multiplo di 3. • **Criterio di divisibilità per 5** Un numero naturale è divisibile per 5 se termina con la cifra 5 o 0. • **Criterio di divisibilità per 10, 100, 1000, …** Un numero naturale è divisibile per 10, 100, 1000, … se termina, rispettivamente, con almeno uno zero, almeno due zeri, almeno tre zeri, …	**Esempi** • 127 338 è divisibile per 2 perché termina con la cifra 8. • 1308 è divisibile per 3 perché $1 + 3 + 0 + 8 = 12$ e 12 è un multiplo di 3. • 477 325 è divisibile per 5 perché termina con la cifra 5. • 12 500 è divisibile sia per 10 che per 100 perché termina con due zeri.

MULTIPLI E DIVISORI

	Definizioni e termini	Procedimenti
Numeri primi e composti	Un numero naturale maggiore di uno si chiama: • **primo** se ha come divisori **solo** 1 e se stesso; • **composto** se ha altri divisori oltre 1 e se stesso. **Esempi** • 29 è un numero primo perché i suoi divisori sono solo 1 e 29. • 28 è un numero composto perché i suoi divisori sono, oltre 1 e 28, anche 2, 4, 7, 14.	Per stabilire se un numero è composto si possono applicare i criteri di divisibilità. **Esempio** 267 è un numero composto perché ha come divisori, oltre 1 e 267, anche 3. Infatti è divisibile per 3 dato che 2 + 6 + 7 = 15 che è un multiplo di 3.

Scomposizione	Un numero si dice **scomposto in fattori primi** se è scritto come prodotto di fattori che sono numeri primi.
	I fattori uguali si scrivono in forma di potenza.
	
	Esempio
	Il numero 28 scomposto in fattori primi è:
	$28 = 2 \times 2 \times 7 = 2^2 \times 7$
		Per scomporre un numero in fattori primi si può usare il **metodo delle divisioni successive** dividendo il numero per i suoi divisori primi, dal minore al maggiore.
		
		Esempio
		$\begin{array}{r\|l}168 & 2 \\ 84 & 2 \\ 42 & 2 \\ 21 & 3 \\ 7 & 7 \\ 1 & \end{array}$ (168 : 2 = 84)
		           (84 : 2 = 42)
		           (42 : 2 = 21)
		           (21 : 3 = 7)
		           (7 : 7 = 1)
		
		La scomposizione del numero 168 in fattori primi è:
		$168 = 2 \times 2 \times 2 \times 3 \times 7 = 2^3 \times 3 \times 7$

MULTIPLI E DIVISORI

	Definizioni e termini	Procedimenti
Massimo Comun Divisore	Il Massimo Comun Divisore di due o più numeri naturali è il maggiore tra i loro divisori comuni. Si indica con il simbolo **M.C.D.** **Esempio** Il M.C.D. tra 8 e 12 è 4 perché i divisori comuni ai due numeri sono 1, 2, 4 e, tra questi, quello maggiore è 4. Si scrive: M.C.D.(8, 12) = 4	Per ricercare il M.C.D. si può scomporre ogni numero in fattori primi e poi calcolare il prodotto dei fattori primi **comuni**, presi una sola volta, con il **minimo esponente**. **Esempio** Calcolare il M.C.D.(54, 90). 54 | 2 90 | 2 27 | 3 45 | 3 9 | 3 15 | 3 3 | 3 5 | 5 1 1 $54 = 2 \times 3^3$ $90 = 2 \times 3^2 \times 5$ Si prendono solo i fattori che sono contenuti in entrambe le scomposizioni: 2 e 3^2 (con esponente minore). Quindi: M.C.D.(54, 90) = 2×3^2 = 18
Minimo comune multiplo	Il minimo comune multiplo di due o più numeri naturali è il minore tra i loro multipli comuni. Si indica con il simbolo **m.c.m.** (si calcola escludendo lo 0). **Esempio** Il m.c.m. tra 4 e 6 è 12 perché i multipli comuni ai due numeri sono 12, 24, 36, 48, ... e, tra questi, quello minore è 12. Si scrive: m.c.m.(4, 6) = 12	Per ricercare il m.c.m. si può scomporre ogni numero in fattori primi e poi calcolare il prodotto dei fattori primi **comuni e non comuni**, presi una sola volta, con il **massimo esponente**. **Esempio** Calcolare il m.c.m.(24, 60). 24 | 2 60 | 2 12 | 2 30 | 2 6 | 2 15 | 3 3 | 3 5 | 5 1 1 $24 = 2^3 \times 3$ $60 = 2^2 \times 3 \times 5$ Si prendono tutti i fattori anche se non sono contenuti in entrambe le scomposizioni: 2^3 (con esponente maggiore), 3 e 5. Quindi: m.c.m.(24, 60) = $2^3 \times 3 \times 5$ = 120

SCHEDA 5 — LE FRAZIONI

	Definizioni e termini	Procedimenti
Frazione	Una frazione è formata da due numeri naturali che si chiamano: $$\frac{3}{5}$$ con *numeratore* (3) e *denominatore* (5). Numeratore e denominatore si dicono **termini della frazione**.	**Esempi** • La frazione con numeratore 3 e denominatore 5 si legge "tre quinti"; 3 e 5 sono i termini della frazione • La frazione con numeratore 5 e denominatore 3 si scrive $\frac{5}{3}$ e si legge "cinque terzi".
Significato come operatore	Una frazione rappresenta **parti di un intero**, cioè parti di una figura o di una quantità. Operare con una frazione su un intero significa dividerlo in tante parti uguali quante ne indica il denominatore e considerarne quante ne indica il numeratore.	**Esempi** • I $\frac{3}{5}$ di un rettangolo si ottengono suddividendolo in 5 parti uguali e considerandone 3 parti:  • I $\frac{3}{5}$ di 10 palline si ottengono dividendole in 5 gruppi uguali e prendendone 3 gruppi: 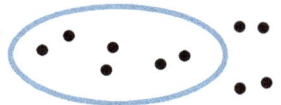 $10 : 5 \times 3 = 6$
Significato come quoziente	Una frazione indica il **risultato della divisione** tra il numeratore e il denominatore. Quindi il numeratore può essere 0 ma il denominatore non può esserlo mai perché altrimenti la divisione sarebbe impossibile. Dalla divisione si ottiene un numero decimale o un numero naturale.	**Esempi** • $\frac{3}{5} = 3 : 5 = 0{,}6$ • $\frac{5}{3} = 5 : 3 = 1{,}66666\ldots$ • $\frac{6}{3} = 6 : 3 = 2$ • $\frac{0}{3} = 0 : 3 = 0$

LE FRAZIONI

	Definizioni e termini	Procedimenti
Frazioni proprie	Una frazione propria è una frazione con il numeratore (diverso da 0) minore del denominatore. Come quoziente indica un numero minore di 1. Rappresenta meno di un intero.	**Esempio** $\frac{3}{4}$ è una frazione propria perché 3 è minore di 4. $\frac{3}{4} = 3 : 4 = 0{,}75 < 1$ $\frac{3}{4}$ di a
Frazioni improprie	Una frazione impropria è una frazione con il numeratore maggiore o uguale al denominatore. Come quoziente indica un numero naturale o decimale maggiore o uguale a 1. Rappresenta un intero o più di un intero.	**Esempio** $\frac{5}{4}$ è una frazione impropria perché 5 è maggiore di 4. $\frac{5}{4} = 5 : 4 = 1{,}25 > 1$ $\frac{5}{4}$ di a
Frazioni apparenti	Una frazione apparente è una particolare frazione impropria che ha il numeratore (diverso da zero) multiplo del denominatore. Indica un numero naturale maggiore o uguale a 1. Rappresenta un multiplo di un intero.	**Esempio** $\frac{8}{4}$ è una frazione apparente perché 8 è multiplo di 4. $\frac{8}{4} = 8 : 4 = 2$ $\frac{8}{4}$ di a

LE FRAZIONI

	Definizioni e termini	Procedimenti
Frazioni equivalenti	Due frazioni sono equivalenti se hanno lo stesso valore. **Esempio** $\frac{3}{4}$ è equivalente a $\frac{6}{8}$; infatti: $3 : 4 = 0,75$ e $6 : 8 = 0,75$ Si scrive: $$\frac{3}{4} = \frac{6}{8}$$	**Proprietà fondamentale delle frazioni:** moltiplicando o dividendo entrambi i termini di una frazione per uno stesso numero diverso da zero, si trasforma la frazione in una equivalente. **Esempi** • $\frac{3}{4} = \frac{3 \times 2}{4 \times 2} = \frac{6}{8}$ • $\frac{6}{8} = \frac{6 : 2}{8 : 2} = \frac{3}{4}$ abbreviando si scrive: $\frac{\cancel{6}^{\,3}}{\cancel{8}_{\,4}} = \frac{3}{4}$
Semplificazione	Una frazione è semplificata ai **minimi termini** se il numeratore e il denominatore hanno come divisore comune solo 1. **Esempio** $\frac{9}{4}$ è ai minimi termini perché 9 e 4 hanno come divisore comune solo 1.	Per semplificare una frazione si applica la proprietà fondamentale con successive divisioni fino a che è **ridotta**, cioè trasformata, ai minimi termini. **Esempio** $\frac{54}{24} = \frac{54 : 2}{24 : 2} = \frac{27}{12} = \frac{27 : 3}{12 : 3} = \frac{9}{4}$ abbreviando si scrive: $\frac{\cancel{54}^{\,27\,9}}{\cancel{24}_{\,12\,4}} = \frac{9}{4}$
Minimo comun denominatore	Il minimo comun denominatore di più frazioni è il minimo comune multiplo tra i loro denominatori. Si indica con il simbolo **m.c.d.** **Esempio** $\frac{1}{4}$ $\frac{5}{6}$ $4 = 2^2$ $6 = 2 \times 3$ m.c.d. $(4, 6) = 2^2 \times 3 = 12$	Per ridurre più frazioni allo stesso minimo comun denominatore (m.c.d.) si riscrivono trasformando ognuna così: – al denominatore: il loro m.c.d.; – al numeratore: il risultato ottenuto dal calcolo indicato dalle frecce nell'esempio. **Esempio** $\frac{1}{4}$ e $\frac{5}{6}$ diventano: $\frac{1}{4} = \frac{3}{12}$ $\frac{5}{6} = \frac{10}{12}$ – al denominatore 12 perché è il loro m.c.d; – al numeratore 3 e 10 perché, seguendo le frecce: $12 : 4 \times 1 = 3$ $12 : 6 \times 5 = 10$

LE FRAZIONI

	Definizioni e termini	Procedimenti
Confronto di frazioni	Confrontare due frazioni non equivalenti significa stabilire se una è minore o maggiore dell'altra.	Si calcolano i quozienti indicati da ogni frazione e si confrontano tra loro. **Esempio** $\frac{7}{2}$ e $\frac{18}{5}$ $\frac{7}{2} = 7 : 2 = 3,5$ $\frac{18}{5} = 18 : 5 = 3,6$ Risulta $3,5 < 3,6$ quindi $\frac{7}{2} < \frac{18}{5}$
Problema "diretto" con le frazioni	In questo tipo di problema è dato l'intero e si vuole trovare una sua parte.	Si divide il valore dell'intero per il denominatore della frazione e poi si moltiplica il risultato per il numeratore. **Esempio** Se una strada è lunga 30 km, quanto è lunga una parte che è i suo $\frac{3}{5}$? 30 km ? La parte di strada è lunga: $(30 : 5 \times 3)$ km = 18 km
Problema "inverso" con le frazioni	In questo tipo di problema è data una parte e si vuole trovare l'intero.	Si divide il valore della parte per il numeratore della frazione e poi si moltiplica il risultato per il denominatore. **Esempio** Se i $\frac{3}{5}$ di una strada sono lunghi 18 km, quanto è lunga tutta la strada? 18 km ? L'intera strada è lunga: $(18 : 3 \times 5)$ km = 30 km

SCHEDA 6 — CALCOLO CON LE FRAZIONI

	Procedimenti	Calcolo
Addizione	• Per addizionare due frazioni con **uguale denominatore** si riscrive il denominatore e si addizionano i numeratori. • Per addizionare due frazioni con **diverso denominatore** si riducono le frazioni al minimo comun denominatore e poi si procede come nel caso precedente.	**Esempi** • $\dfrac{5}{3} + \dfrac{2}{3} = \dfrac{5+2}{3} = \dfrac{7}{3}$ • $\dfrac{5}{3} + \dfrac{3}{4} = \dfrac{20}{12} + \dfrac{9}{12} = \dfrac{20+9}{12} = \dfrac{29}{12}$
Addizioni particolari	• Se si addiziona 0 a una frazione (o viceversa) si ottiene la frazione stessa. • Se addizionando due frazioni proprie si ottiene 1, allora le due frazioni si dicono **complementari**.	**Esempi** • $\dfrac{5}{3} + 0 = 0 + \dfrac{5}{3} = \dfrac{5}{3}$ • $\dfrac{3}{5} + \dfrac{2}{5} = \dfrac{3+2}{5} = \dfrac{5}{5} = 1$ $\dfrac{3}{5}$ e $\dfrac{2}{5}$ sono complementari.
Sottrazione	• Per sottrarre due frazioni con **uguale denominatore** si riscrive il denominatore e si sottraggono i numeratori. • Per sottrarre due frazioni con **diverso denominatore** si riducono le frazioni al minimo comun denominatore e poi si procede come nel caso precedente.	**Esempi** • $\dfrac{5}{3} - \dfrac{1}{3} = \dfrac{5-1}{3} = \dfrac{4}{3}$ • $\dfrac{5}{3} - \dfrac{3}{4} = \dfrac{20}{12} - \dfrac{9}{12} = \dfrac{20-9}{12} = \dfrac{11}{12}$
Sottrazioni particolari	• Se si sottraggono tra loro due frazioni uguali si ottiene 0. • Se a una frazione si sottrae 0 si ottiene la frazione stessa.	**Esempi** • $\dfrac{5}{3} - \dfrac{5}{3} = 0$ • $\dfrac{5}{3} - 0 = \dfrac{5}{3}$

CALCOLO CON LE FRAZIONI

	Procedimenti	Calcolo
Moltiplicazione	• Per moltiplicare due frazioni si moltiplicano tra loro i numeratori e i denominatori. • Prima di calcolare il prodotto si possono semplificare le frazioni "in croce" dividendo per uno stesso numero un numeratore e un denominatore.	**Esempi** • $\dfrac{5}{3} \times \dfrac{2}{3} = \dfrac{5 \times 2}{3 \times 3} = \dfrac{10}{9}$ • $\dfrac{{}^1\cancel{5}}{\cancel{9}_3} \times \dfrac{\cancel{6}^2}{\cancel{25}_5} = \dfrac{1 \times 2}{3 \times 5} = \dfrac{2}{15}$
Moltiplicazioni particolari	• Se si moltiplica per 0 una frazione (o viceversa) si ottiene 0. • Se si moltiplica una frazione per 1 (o viceversa) si ottiene la frazione stessa. • Se si moltiplica una frazione (diversa da zero) per la frazione che si ottiene scambiando di posto il suo numeratore e il suo denominatore si ottiene 1. Le due frazioni si chiamano **reciproche**.	**Esempi** • $\dfrac{5}{3} \times 0 = 0 \times \dfrac{5}{3} = 0$ • $\dfrac{5}{3} \times 1 = 1 \times \dfrac{5}{3} = \dfrac{5}{3}$ • $\dfrac{{}^1\cancel{5}}{\cancel{3}_1} \times \dfrac{{}^1\cancel{3}}{\cancel{5}_1} = 1$ $\dfrac{5}{3}$ e $\dfrac{3}{5}$ sono reciproche.
Divisione	Per dividere una frazione per un'altra (diversa da zero) si moltiplica la prima per la reciproca della seconda.	**Esempio** reciproca $\dfrac{5}{3} : \dfrac{2}{3} = \dfrac{5}{\cancel{3}_1} \times \dfrac{\cancel{3}^1}{2} = \dfrac{5}{2}$ da "diviso" a "per"
Divisioni particolari	• Se si dividono due frazioni uguali (diverse da zero) si ottiene 1. • Se 0 è diviso da una frazione (diversa da zero) si ottiene 0. • Non si può mai dividere una frazione per 0.	**Esempi** • $\dfrac{5}{3} : \dfrac{5}{3} = \dfrac{{}^1\cancel{5}}{\cancel{3}_1} \times \dfrac{\cancel{3}^1}{\cancel{5}_1} = 1$ • $0 : \dfrac{5}{3} = 0 \times \dfrac{3}{5} = 0$ • $\dfrac{5}{3} : 0$ è impossibile.

CALCOLO CON LE FRAZIONI

	Procedimenti	Calcolo
Potenza	Per calcolare la potenza di una frazione si eseguono la potenza del numeratore e la potenza del denominatore.	**Esempio** $\left(\dfrac{5}{3}\right)^2 = \dfrac{5^2}{3^2} = \dfrac{25}{9}$
Potenze particolari	• Se si eleva una frazione a esponente 1 si ottiene la frazione stessa. • Se si eleva una frazione (diversa da zero) a esponente 0 si ottiene 1.	**Esempi** • $\left(\dfrac{5}{3}\right)^1 = \dfrac{5^1}{3^1} = \dfrac{5}{3}$ • $\left(\dfrac{5}{3}\right)^0 = \dfrac{5^0}{3^0} = \dfrac{1}{1} = 1$
Proprietà delle potenze	Valgono le stesse proprietà delle potenze viste per i numeri naturali. • **Prodotto di potenze con uguale base:** si riscrive la base e si addizionano gli esponenti. • **Quoziente di potenze con uguale base:** si riscrive la base e si sottraggono gli esponenti. • **Potenza di potenza:** si riscrive la base e si moltiplicano gli esponenti. • **Prodotto di potenze con uguale esponente:** si moltiplicano le basi e si riscrive l'esponente. • **Quoziente di potenze con uguale esponente:** si dividono le basi e si riscrive l'esponente.	**Esempi** • $\left(\dfrac{1}{2}\right)^3 \times \left(\dfrac{1}{2}\right)^2 = \left(\dfrac{1}{2}\right)^{3+2} = \left(\dfrac{1}{2}\right)^5 = \dfrac{1^5}{2^5} = \dfrac{1}{32}$ • $\left(\dfrac{1}{2}\right)^3 : \left(\dfrac{1}{2}\right)^2 = \left(\dfrac{1}{2}\right)^{3-2} = \left(\dfrac{1}{2}\right)^1 = \dfrac{1^1}{2^1} = \dfrac{1}{2}$ • $\left[\left(\dfrac{1}{2}\right)^3\right]^2 = \left(\dfrac{1}{2}\right)^{3 \times 2} = \left(\dfrac{1}{2}\right)^6 = \dfrac{1^6}{2^6} = \dfrac{1}{64}$ • $\left(\dfrac{1}{2}\right)^2 \times \left(\dfrac{3}{5}\right)^2 = \left(\dfrac{1}{2} \times \dfrac{3}{5}\right)^2 = \left(\dfrac{3}{10}\right)^2 = \dfrac{3^2}{10^2} = \dfrac{9}{100}$ • $\left(\dfrac{1}{2}\right)^2 : \left(\dfrac{3}{2}\right)^2 = \left(\dfrac{1}{2} : \dfrac{3}{2}\right)^2 = \left(\dfrac{1}{\underset{1}{\cancel{2}}} \times \dfrac{\cancel{2}^{\,1}}{3}\right)^2 =$ $= \left(\dfrac{1}{3}\right)^2 = \dfrac{1^2}{3^2} = \dfrac{1}{9}$

CALCOLO CON LE FRAZIONI

	Dalla frazione al numero	**Dal numero alla frazione**
Numero decimale limitato	Dalla divisione dei termini di una frazione si può ottenere un numero decimale limitato, cioè con un numero limitato di cifre decimali. **Esempio** $\frac{13}{2} = 13 : 2 = 6{,}5$	Un numero decimale limitato si trasforma in frazione così: al numeratore numero senza la virgola ↓ $6{,}5 = \frac{65}{10} = \frac{13}{2}$ ↓ ↑ 10 → al denominatore 1 seguito da tanti 0 quante sono le cifre decimali
Numero decimale illimitato periodico semplice	Oppure si può ottenere un numero decimale con infinite cifre decimali, alcune delle quali, dette **periodo**, si ripetono all'infinito. Un **numero periodico semplice** ha il periodo che inizia subito dopo la virgola. **Esempio** $\frac{13}{99} = 13 : 99 = 0{,}13131313\ldots$ • 13 è il periodo Abbreviando si scrive: $0{,}\overline{13}$	Un numero periodico semplice si trasforma in frazione così: al numeratore sottrazione tra il numero senza virgola e quello formato dalle cifre prima del periodo ↓ $0{,}\overline{13} = \frac{13-0}{99} = \frac{13}{99}$ ↓↓ ↑ 99 → al denominatore tanti 9 quante sono le cifre del periodo
Numero decimale illimitato periodico misto	Un **numero periodico misto** ha il periodo che non inizia subito dopo la virgola. La parte decimale prima del periodo si chiama **antiperiodo**. **Esempio** $\frac{2}{15} = 2 : 15 = 0{,}133333\ldots$ • 1 è l'antiperiodo • 3 è il periodo Abbreviando si scrive: $0{,}1\overline{3}$	Un numero periodico misto si trasforma in frazione così: al numeratore sottrazione tra il numero senza virgola e quello formato dalle cifre prima del periodo ↓ $0{,}1\overline{3} = \frac{13-1}{90} = \frac{12}{90} = \frac{2}{15}$ ↓↓ ↑ 90 → al denominatore tanti 9 quante sono le cifre del periodo seguiti da tanti 0 quante sono le cifre dell'antiperiodo

SCHEDA 7 — NUMERI DECIMALI E RADICI

	Definizioni e termini	Procedimenti
Radici quadrate e cubiche	Calcolare la radice quadrata o cubica di un numero significa trovare il numero che elevato al quadrato o al cubo dà il numero di partenza. La radice cubica di 8 si scrive: $\sqrt[3]{8}$ indice della radice → 3 numero di cui si vuole trovare la radice → 8 Nella radice quadrata l'indice è 2 ma non lo si scrive.	**Esempi** • $\sqrt[3]{8} = 2$ perché $2^3 = 8$ • $\sqrt{25} = 5$ perché $5^2 = 25$ • $\sqrt{\dfrac{25}{9}} = \dfrac{5}{3}$ perché $\left(\dfrac{5}{3}\right)^2 = \dfrac{25}{9}$

Radici particolari	• La radice quadrata (o cubica) di 1 è uguale a 1.
	
	• La radice quadrata (o cubica) di 0 è uguale a 0.
	
	• La radice quadrata (o cubica) di una frazione si può eseguire calcolando la radice quadrata (o cubica) dei suoi termini.
		Esempi
		• $\sqrt{1} = 1$ perché $1^2 = 1$
		  $\sqrt[3]{1} = 1$ perché $1^3 = 1$
		
		• $\sqrt{0} = 0$ perché $0^2 = 0$
		  $\sqrt[3]{0} = 0$ perché $0^3 = 0$
		
		• $\sqrt{\dfrac{25}{9}} = \dfrac{\sqrt{25}}{\sqrt{9}} = \dfrac{5}{3}$
		
		• $\sqrt[3]{\dfrac{27}{8}} = \dfrac{\sqrt[3]{27}}{\sqrt[3]{8}} = \dfrac{3}{2}$

Quadrati e cubi perfetti	• Un quadrato perfetto è un numero naturale la cui radice quadrata è un numero naturale.
	
	• Un cubo perfetto è un numero naturale la cui radice cubica è un numero naturale.
		Esempi
		• 49 è un quadrato perfetto, infatti:
		  $\sqrt{49} = 7$ perché $7^2 = 49$
		
		• 64 è un cubo perfetto, infatti:
		  $\sqrt[3]{64} = 4$ perché $4^3 = 64$

NUMERI DECIMALI E RADICI

	Definizioni e termini	Procedimenti
Numeri decimali illimitati non periodici	Dal calcolo di una radice si può ottenere un numero decimale illimitato non periodico, cioè con infinite cifre decimali che non si ripetono. Quindi è un numero che non si può trasformare in una frazione. **Esempio** $\sqrt{3} = 1,7320508...$ Questo tipo di numero si indica con un **valore approssimato** al decimo (una cifra decimale), o al centesimo (due cifre decimali), o al millesimo (tre cifre decimali) ecc.	Con il **metodo del troncamento** si può approssimare un numero decimale trascrivendo solo una, o due, o tre, ... cifre decimali. **Esempio** $\sqrt{3} = 1,7$ troncato al decimo $\sqrt{3} = 1,73$ troncato al centesimo $\sqrt{3} = 1,732$ troncato al millesimo

Numeri reali assoluti	Tutti i numeri decimali o naturali che conosciamo si chiamano anche **numeri reali assoluti**.
	
	Questi si suddividono in:
	• **numeri razionali assoluti** che sono:
	  – i numeri naturali;
	  – i numeri decimali limitati;
	  – i numeri decimali illimitati periodici;
	
	• **numeri irrazionali assoluti** che sono:
	  – i numeri decimali illimitati non periodici.
	
	numeri reali assoluti
	
	(numeri razionali assoluti | numeri irrazionali assoluti)
		Se un numero si può trasformare in frazione, allora è razionale assoluto; altrimenti è irrazionale assoluto.
		
		Esempi
		• 3 è razionale assoluto perché si può trasformare in $\frac{3}{1}$.
		
		• 0,3 è razionale assoluto perché si può trasformare in $\frac{3}{10}$.
		
		• 0,33333... è razionale assoluto perché si può trasformare in $\frac{\cancel{3}^1}{\cancel{9}_3} = \frac{1}{3}$.
		
		• 1,7320508... è irrazionale assoluto perché ha infinite cifre decimali non periodiche e quindi non si può trasformare in frazione.

SCHEDA 8 — RAPPORTI E PROPORZIONI

	Definizioni e termini	Procedimenti
Rapporto	Il rapporto tra due numeri (naturali o decimali) a e b è dato dal loro quoziente e si indica così: $\dfrac{a}{b}$ oppure $a : b$ (antecedente / conseguente) I due numeri si dicono **termini del rapporto**. Il conseguente è sempre diverso da zero.	**Esempio** Il rapporto con antecedente 3 e conseguente 5 si scrive: $\dfrac{3}{5}$ oppure $3 : 5$ che si legge "tre a cinque". 3 e 5 sono i termini del rapporto. Il valore del rapporto si stabilisce eseguendo la divisione: $3 : 5 = 0,6$
Significato	Un rapporto indica un confronto tra due quantità o due figure.	**Esempi** • Se il rapporto tra maschi e femmine in un gruppo è $\dfrac{3}{5}$ allora vuol dire che ci sono 3 maschi **ogni** 5 femmine. • Se il rapporto tra due segmenti è $3 : 5$ allora vuol dire che si possono suddividere in parti uguali in modo che il primo ne contenga 3 e il secondo 5.
Rapporto particolare	La **percentuale** è un particolare rapporto che ha come conseguente 100. Si indica scrivendo solo l'antecedente seguito dal simbolo %. $\dfrac{a}{100} = a\%$	Per scrivere in forma di percentuale un rapporto si esegue la divisione in modo da avere un numero con due cifre decimali (troncandolo o aggiungendo zeri) e poi lo si trasforma in un nuovo rapporto con conseguente 100. **Esempio** $\dfrac{3}{5} = 3 : 5 = 0,6 = 0,60 = \dfrac{60}{100} = 60\%$
Proprietà	**Proprietà invariantiva** Moltiplicando o dividendo entrambi i termini di un rapporto per uno stesso numero diverso da zero si ottiene un rapporto uguale.	**Esempio** $\dfrac{60}{100} = \dfrac{60 : 20}{100 : 20} = \dfrac{3}{5}$

RAPPORTI E PROPORZIONI

	Definizioni e termini	Procedimenti
Proporzione	Una proporzione è l'uguaglianza di due rapporti e si indica così: $$a : b = c : d$$ (estremi: a, d; medi: b, c) I quattro numeri di una proporzione si dicono **termini della proporzione**. Inoltre il primo e il terzo si chiamano **antecedenti**. Il secondo e il quarto, sempre diversi da zero, si chiamano **conseguenti**.	**Esempio** $3 : 5 = 60 : 100$ • 3 e 100 sono gli estremi; • 5 e 60 sono i medi; • 3 e 60 sono gli antecedenti; • 5 e 100 sono i conseguenti. 3, 5, 60, 100 sono i termini della proporzione.
Proporzione particolare	Se una proporzione ha i medi uguali, allora si chiama **proporzione continua**. Ogni medio si chiama **medio proporzionale**.	**Esempio** $9 : 6 = 6 : 4$ • 6 è il medio proporzionale; • 9 e 4 sono gli estremi.
Proprietà	**Proprietà fondamentale** In una proporzione il prodotto dei medi è uguale a quello degli estremi.	**Esempi** • In $3 : 5 = 60 : 100$ vale la proprietà fondamentale, infatti: $3 \times 100 = 5 \times 60 = 300$ • In $9 : 6 = 6 : 4$ vale la proprietà fondamentale, infatti: $9 \times 4 = 6 \times 6 = 36$
Risoluzione	Risolvere una proporzione significa trovare il valore di un termine **incognito** di cui, cioè, non si conosce il valore. • **Estremo incognito** Si trova dividendo il prodotto dei medi per l'estremo conosciuto. • **Medio incognito** Si trova dividendo il prodotto degli estremi per il medio conosciuto. • **Medio proporzionale incognito** Si trova calcolando la radice quadrata del prodotto degli estremi.	Il termine incognito si indica di solito con x e lo si ricerca applicando la proprietà fondamentale. **Esempi** • Se $x : 5 = 60 : 100$ allora $$x = \frac{5 \times 60}{100} = 3$$ • Se $3 : x = 60 : 100$ allora $$x = \frac{3 \times 100}{60} = 5$$ • Se $9 : x = x : 4$ allora $$x = \sqrt{9 \times 4} = \sqrt{36} = 6$$

SCHEDA 9 — PROPORZIONALITÀ

	Funzioni tra variabili	Dalla tabella al grafico
Definizione	Se al variare di una quantità varia in corrispondenza un'altra quantità allora si dice che tra di esse c'è una **relazione**. I valori della prima quantità si indicano con *x* che si chiama **variabile indipendente**. I valori della seconda quantità si indicano con *y* che si chiama **variabile dipendente**. Se ad un valore della variabile *x* corrisponde un solo valore della variabile *y* allora la relazione si chiama **funzione**.	La tabella rappresenta una relazione tra due quantità che variano: | *x*	1	2	3	4
---	---	---	---	---
y	3	6	9	12	 • *x* è la variabile indipendente e indica i valori 1, 2, 3, 4; • *y* è la variabile dipendente e indica i valori 3, 6, 9, 12, che sono il triplo di *x*. Le **coppie di valori corrispondenti** si indicano così: (1; 3), (2; 6), (3; 9), (4; 12)
Legge	Se una funzione tra le variabili *x* e *y* si può indicare con una **formula matematica** allora questa indica la legge della funzione.	Dalla tabella si ricava che "*y* è uguale a 3 volte *x*" e quindi la sua legge è: $$y = 3 \cdot x$$ Questa relazione è una funzione perché a ogni valore *x* corrisponde un solo valore *y*.
Grafico	Una funzione tra le variabili *x* e *y* si può rappresentare sul piano cartesiano con un grafico tracciando i punti che hanno per coordinate le coppie di valori corrispondenti e poi unendoli.	Il grafico è formato dai punti che hanno per coordinate le coppie di valori corrispondenti (1; 3), (2; 6), (3; 9), (4; 12).

PROPORZIONALITÀ

	Proporzionalità diretta	Dalla tabella al grafico
Definizione	La proporzionalità diretta è una particolare funzione tra due variabili x e y tali che se una raddoppia, o triplica, …, allora anche l'altra raddoppia, o triplica, … **Proprietà** In una proporzionalità diretta il **rapporto** tra coppie di valori (y e x) corrispondenti (diversi da zero) è costante (k), cioè non cambia. **In simboli** questa proprietà si scrive: $$\frac{y}{x} = k$$ k indica il valore della **costante di proporzionalità diretta**.	<table><tr><td>x</td><td>0</td><td>1</td><td>2</td><td>3</td><td>4</td><td>5</td></tr><tr><td>y</td><td>0</td><td>2</td><td>4</td><td>6</td><td>8</td><td>10</td></tr></table> La tabella rappresenta una proporzionalità diretta perché il rapporto tra i valori di y e x (diversi da 0) è sempre uguale a 2. Infatti: $$\frac{y}{x} = \frac{2}{1} = \frac{4}{2} = \frac{6}{3} = \frac{8}{4} = \frac{10}{5} = 2$$ Quindi: $$\frac{y}{x} = 2$$ 2 è la costante di proporzionalità diretta.
Legge	Dalla proprietà della proporzionalità diretta si ricava la sua legge: $$y = k \cdot x$$	La legge della proporzionalità diretta indicata nella tabella è: $$y = 2 \cdot x$$
Grafico	Il grafico della proporzionalità diretta è una **semiretta** che ha inizio nell'origine $O(0; 0)$. Per disegnare la semiretta basta unire con il righello il punto O con un solo altro punto della tabella.	Dalla tabella si ricavano i punti: $(0; 0), (1; 2), (2; 4), (3; 6), (4; 8), (5; 10)$ che sono allineati e appartengono alla stessa semiretta. 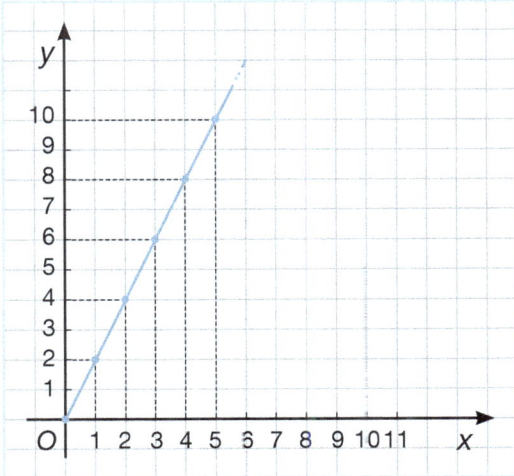

PROPORZIONALITÀ

	Proporzionalità inversa	Dalla tabella al grafico
Definizione	La proporzionalità inversa è una particolare funzione tra due variabili x e y tali che se una raddoppia, o triplica, …, allora l'altra diventa la metà, un terzo, … **Proprietà** In una proporzionalità inversa il **prodotto** tra coppie di valori (y e x) corrispondenti è costante (k), cioè non cambia. **In simboli** questa proprietà si scrive: $$y \cdot x = k$$ k indica il valore della **costante di proporzionalità inversa**.	<table><tr><td>x</td><td>1</td><td>2</td><td>3</td><td>5</td><td>10</td><td>20</td></tr><tr><td>y</td><td>60</td><td>30</td><td>20</td><td>12</td><td>6</td><td>3</td></tr></table> La tabella rappresenta una proporzionalità inversa perché il prodotto tra y e x è sempre uguale a 60. Infatti: $y \cdot x = 60 \cdot 1 = 30 \cdot 2 = 20 \cdot 3 = 12 \cdot 5 =$ $= 6 \cdot 10 = 3 \cdot 20 = 60$ Quindi: $$y \cdot x = 60$$ 60 è la costante di proporzionalità inversa.
Legge	Dalla proprietà della proporzionalità inversa si ricava la sua legge: $$y = \frac{k}{x}$$	La legge della proporzionalità inversa indicata nella tabella è: $$y = \frac{60}{x}$$
Grafico	Il grafico della proporzionalità inversa è una parte di una curva che si chiama **iperbole equilatera**. Per disegnare l'iperbole si devono tracciare tutti i punti della tabella e unirli con un arco.	Dalla tabella si ricavano i punti: (1; 60), (2; 30), (3; 20), (5; 12), (10; 6), (20; 3) che appartengono alla stessa curva.

PROPORZIONALITÀ

	Applicazioni della proporzionalità	Procedimenti
Problemi del tre semplice diretto	Compaiono due quantità variabili **direttamente proporzionali**. Di due coppie di valori corrispondenti se ne conoscono, in tutto, tre e si vuole trovare il quarto.	**Esempio** Se per 7 ore di lavoro un operaio riceve 126 €, quanto riceverà per 9 ore di lavoro? – Si costruisce una tabella con i valori corrispondenti indicando con x quello dei quattro che non si conosce. | N° ore	7	9 | |---|---|---| | € | 126 | x | – Si applica la **proprietà della proporzionalità diretta** per cui i rapporti tra due valori corrispondenti sono uguali: $$\frac{7}{126} = \frac{9}{x}$$ – Si scrive la proporzione e si ricava il valore di x: $$7 : 126 = 9 : x$$ $$x = \frac{9 \cdot 126}{7} = 162$$ Per 9 ore di lavoro un operaio riceverà 162 €.
Problemi del tre semplice inverso	Compaiono due quantità variabili **inversamente proporzionali**. Di due coppie di valori corrispondenti se ne conoscono, in tutto, tre e si vuole trovare il quarto.	**Esempio** Se 6 operai compiono un certo lavoro in 4 giorni, in quanti giorni compiranno lo stesso lavoro 8 operai? – Si costruisce una tabella con i valori corrispondenti indicando con x quello dei quattro che non si conosce. | N° operai | 6 | 8 | |---|---|---| | N° giorni | 4 | x | – Si applica la **proprietà della proporzionalità inversa** per cui i prodotti tra due valori corrispondenti sono uguali: $$6 \cdot 4 = 8 \cdot x$$ – Si scrive l'uguaglianza e si ricava il valore di x con il grafo: $$8 \cdot x = 24$$ $$x = 24 : 8 = 3$$ Gli 8 operai compiranno il lavoro in 3 giorni.

SCHEDA — DATI E PREVISIONI

	Definizioni e termini	Procedimenti
Frequenze di dati	Quando si osserva un dato in un certo numero di casi, di esso si può calcolare: • la **frequenza assoluta** (*f*) che è il numero di volte che il dato si ripete. • la **frequenza relativa** (*F*) che è il rapporto tra il numero di volte che il dato si ripete (*f*) e il numero di casi esaminati (*n*). In simboli: $F = \dfrac{f}{n}$	**Esempio** Su 20 ragazzi 4 hanno gli occhi azzurri, 8 castani, 6 neri e 2 verdi. Per il dato "occhi azzurri" la frequenza assoluta è $f = 4$, la frequenze relativa è: $F = \dfrac{4}{20} = 4 : 20 = 0{,}20 = \dfrac{20}{100} = 20\%$
Rappre-sentazione di dati	• Con un **ortogramma** o un **istogramma** a rettangoli si può rappresentare la frequenza assoluta di un dato. • Con un **areogramma** a settori si può rappresentare la frequenza relativa di un dato in percentuale.	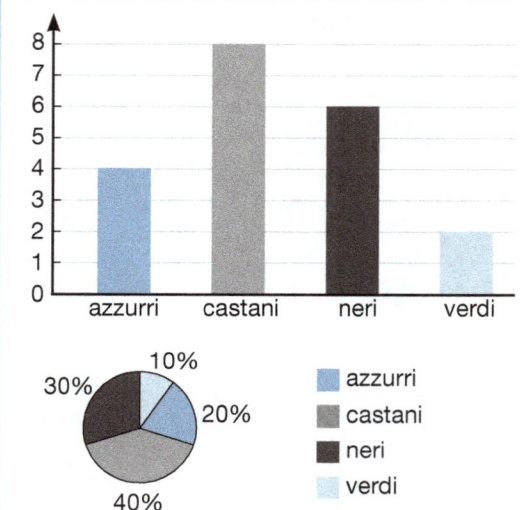
Valori medi di dati	Di una serie di dati numerici si possono calcolare tre valori medi. • **La media aritmetica** È il valore che si ottiene dividendo la somma di tutti i dati per il loro numero. • **La moda** È il valore con la maggiore frequenza. • **La mediana** È il valore centrale di una serie ordinata di dati se il numero dei dati è dispari (altrimenti è la media dei due valori centrali).	**Esempio** In questa serie di cinque dati: $$3,\ 4,\ 6,\ 8,\ 8$$ • la media aritmetica è 5,8 perché: $(3 + 4 + 6 + 8 + 8) : 5 = 29 : 5 = 5{,}8$; • la moda è 8 perché è il dato che si ripete di più rispetto agli altri; • la mediana è 6 perché è al centro della serie ordinata dei cinque dati.

DATI E PREVISIONI

	Definizioni e termini	Procedimenti
Probabilità classica	La probabilità di un evento E è il rapporto tra il numero dei casi favorevoli e il numero dei casi possibili: $$P(E) = \frac{f}{p}$$ probabilità dell'evento E — numero di casi favorevoli / numero di casi possibili	**Esempio** Qual è la probabilità che in un'urna con 6 palline gialle e 4 rosse esca una pallina rossa? $p = 10$ (numero totale di palline) $f = 4$ (numero di palline rosse) Quindi: $$P(E) = \frac{4}{10} = \frac{2}{5}$$ o in percentuale: $P(E) = 2 : 5 = 0{,}40 = \frac{40}{100} = 40\%$
Tipi di eventi	• Un **evento certo** è un evento che accadrà sicuramente. La sua probabilità è uguale a 1. • Un **evento impossibile** è un evento che non accadrà mai. La sua probabilità è uguale a 0. • Un **evento casuale** (o aleatorio) è un evento che può accadere. La sua probabilità è un numero maggiore di 0 e minore di 1.	**Esempi** • La probabilità che esca o testa o croce lanciando una moneta è 1. • La probabilità che non esca né testa né croce lanciando una moneta è 0. • La probabilità che esca testa lanciando una moneta è $\frac{1}{2}$.
Probabilità statistica	La probabilità statistica di un evento E è la sua frequenza relativa se il numero dei casi esaminati è **molto grande**: $$F(E) = \frac{f}{n}$$ frequenza dell'evento E — numero di volte che E si ripete / numero dei casi esaminati	**Esempio** Un macchinario ha prodotto 40 pezzi difettosi su 2000 prodotti. Qual è la probabilità che il macchinario produca pezzi difettosi? $f = 40$ (numero dei pezzi difettosi) $p = 2000$ (numero totale di pezzi) Quindi: $$F(E) = \frac{40}{2000} = \frac{1}{50}$$ o in percentuale: $F(E) = 1 : 50 = 0{,}02 = \frac{2}{100} = 2\%$

SCHEDA 11 — NUMERI RELATIVI E CALCOLO

	Definizioni e termini	Procedimenti
Numeri relativi	I numeri relativi o **numeri reali** sono i numeri positivi, i numeri negativi e lo 0. $-3 \quad +5$ (valore assoluto, segno) Il segno + si può anche non scrivere. Il numero 0 non ha segno.	**Esempi** • $-1,4$ è un numero relativo che ha: segno: negativo; valore assoluto: 1,4. • $+\frac{3}{4}$ è un numero relativo che ha: segno: positivo; valore assoluto: $\frac{3}{4}$.
Particolari coppie di numeri relativi	• Due **numeri concordi** sono numeri relativi con lo stesso segno. • Due **numeri discordi** sono numeri relativi con segno diverso. • Due **numeri opposti** sono particolari numeri discordi che hanno lo stesso valore assoluto. • Due **numeri reciproci** sono particolari numeri concordi con il numeratore e il denominatore scambiati di posto.	**Esempi** • -3 e $-\frac{5}{7}$ sono concordi perché hanno lo stesso segno. • -3 e $+\frac{5}{7}$ sono discordi perché hanno segno diverso. • -3 e $+3$ sono opposti perché hanno lo stesso valore assoluto (3) e segno diverso. • $-\frac{5}{7}$ e $-\frac{7}{5}$ sono reciproci perché hanno i termini scambiati di posto e lo stesso segno.
Confronto	• Ogni numero positivo è maggiore di 0. • Ogni numero negativo è minore di 0. • Ogni numero positivo è maggiore di ogni numero negativo. • Tra due numeri positivi è maggiore quello con valore assoluto maggiore. • Tra due numeri negativi è maggiore quello con valore assoluto minore.	**Esempi** • $+3$ è maggiore di 0. **In simboli:** $+3 > 0$ • -72 è minore di 0. **In simboli:** $-72 < 0$ • $+3$ è maggiore di -72. **In simboli:** $+3 > -72$ • $+54$ è maggiore di $+3$. **In simboli:** $+54 > +3$ • -2 è maggiore di -54. **In simboli:** $-2 > -54$

NUMERI RELATIVI E CALCOLO

	Procedimenti	Calcolo
Addizione algebrica	Per addizionare due numeri relativi si scrivono in fila i numeri e poi: – se i numeri sono concordi si addizionano i loro valori assoluti e si mantiene il loro segno; – se i numeri sono discordi (non opposti) si sottraggono i loro valori assoluti e si scrive il segno del numero con valore assoluto maggiore.	Regola dei segni | addendo	addendo	risultato
+	+	+
−	−	−
+	−	Il segno è quello dell'addendo che ha valore assoluto maggiore
−	+	| **Esempi** • $+7 + 3 = +10$ • $-7 - 3 = -10$ • $+7 - 3 = +4$ perché $+7$ ha valore assoluto (7) maggiore di quello di -3 (3). • $-7 + 3 = -4$ perché -7 ha valore assoluto (7) maggiore di quello di $+3$ (3).
Addizioni algebriche particolari	• Se si addiziona a un numero relativo il suo **opposto** si ottiene 0. • Se a un numero relativo si addiziona o si sottrae 0 si ottiene il numero stesso.	**Esempi** • $-7 + 7 = 0$ • $-7 + 0 = -7$ $-7 - 0 = -7$
Eliminare le parentesi	Per eliminare una parentesi che racchiude un numero relativo si segue questa regola: – se la parentesi è preceduta dal segno + (o da nessun segno) si trascrive il numero con il proprio segno; – se la parentesi è preceduta dal segno − si trascrive il numero con il segno cambiato. Prima di eseguire un'addizione algebrica si devono togliere, se ci sono, le parentesi.	**Esempi** • $+(+3) = +3 \quad +(-3) = -3$ • $-(+3) = -3 \quad -(-3) = +3$ • $(+3) + (-5) = +3 - 5 = -2$ $-(+3) - (-5) = -3 + 5 = +2$

NUMERI RELATIVI E CALCOLO

	Procedimenti	Calcolo
Moltiplicazione	Per moltiplicare due numeri relativi si moltiplicano i loro valori assoluti e poi: – se i numeri sono concordi il risultato è positivo; – se i numeri sono discordi il risultato è negativo.	Regola dei segni | fattore	fattore	risultato
+	+	+
–	–	+
+	–	–
–	+	– | Esempi • $(+7) \times (+3) = +21$ • $(-7) \times (-3) = +21$ • $(+7) \times (-3) = -21$ • $(-7) \times (+3) = -21$
Moltiplicazioni particolari	• Se si moltiplica un numero relativo per 0 (o viceversa) si ottiene 0. • Se si moltiplica un numero relativo per il suo **reciproco** si ottiene +1.	Esempi • $(-4) \times 0 = 0 \times (-4) = 0$ • $(-4) \times \left(-\dfrac{1}{4}\right) = +1$
Divisione	Per dividere due numeri relativi si dividono i loro valori assoluti e poi: – se i numeri sono concordi il risultato è positivo; – se i numeri sono discordi il risultato è negativo.	Regola dei segni | dividendo	divisore	risultato
+	+	+
–	–	+
+	–	–
–	+	– | Esempi • $(+12) : (+3) = +4$ • $(-12) : (-3) = +4$ • $(+12) : (-3) = -4$ • $(-12) : (+3) = -4$
Divisioni particolari	• Se si dividono due numeri relativi uguali (diversi da zero) si ottiene +1. • Se 0 è diviso da un numero relativo (diverso da zero) si ottiene 0. • Non si può dividere un numero relativo per 0.	Esempi • $(+3) : (+3) = +1 \quad (-3) : (-3) = +1$ • $0 : (+3) = 0 \qquad 0 : (-3) = 0$ • $(-3) : 0$ è impossibile

NUMERI RELATIVI E CALCOLO

	Procedimenti	Calcolo
Potenza con esponente intero positivo	Per calcolare questa potenza si moltiplica tante volte il numero, cioè la base, quante ne indica il suo esponente e poi: – se la base è positiva il risultato è sempre positivo; – se la base è negativa il risultato è positivo quando l'esponente è pari, negativo quando l'esponente è dispari.	**Regola dei segni** | potenza	risultato
---	---
$(+)^{pari}$	+
$(+)^{dispari}$	+
$(-)^{pari}$	+
$(-)^{dispari}$	−	 **Esempi** • $(+2)^2 = (+2) \times (+2) = +4$ • $(+2)^3 = (+2) \times (+2) \times (+2) = +8$ • $(-2)^2 = (-2) \times (-2) = +4$ • $(-2)^3 = (-2) \times (-2) \times (-2) = -8$
Potenza con esponente intero negativo	Per calcolare questa potenza la si deve trasformare in una potenza con esponente intero positivo trascrivendo il reciproco del numero, cioè la base, e l'opposto del suo esponente. opposto dell'esponente $(-2)^{-3} = \left(-\dfrac{1}{2}\right)^3$ reciproco della base Poi si applica il procedimento precedente.	**Esempio** $(-2)^{-3} = \left(-\dfrac{1}{2}\right)^3 =$ $= \left(-\dfrac{1}{2}\right) \times \left(-\dfrac{1}{2}\right) \times \left(-\dfrac{1}{2}\right) =$ $= -\dfrac{1}{8}$
Potenze particolari	• Se si eleva +1 a un qualsiasi esponente si ottiene +1. • Se si eleva −1 a un esponente pari si ottiene +1, se lo si eleva a un esponente dispari si ottiene −1. • Se si eleva un numero relativo (diverso da zero) a esponente 0 si ottiene +1.	**Esempi** • $(+1)^2 = +1$ $(+1)^3 = +1$ • $(-1)^2 = +1$ $(-1)^3 = -1$ • $(-2)^0 = +1$

NUMERI RELATIVI E CALCOLO

	Procedimenti	Calcolo
Proprietà delle potenze	• **Prodotto di potenze con uguale base**: si riscrive la base e si addizionano gli esponenti.	**Esempi** • $(-2)^3 \times (-2)^2 = (-2)^{3+2} = (-2)^5 = -32$
	• **Quoziente di potenze con uguale base**: si riscrive la base e si sottraggono gli esponenti.	• $(-2)^3 : (-2)^2 = (-2)^{3-2} = (-2)^1 = -2$
	• **Potenza di potenza**: si riscrive la base e si moltiplicano gli esponenti.	• $\left[(-2)^3\right]^2 = (-2)^{3 \times 2} = (-2)^6 = +64$
	• **Prodotto di potenze con uguale esponente**: si moltiplicano le basi e si riscrive l'esponente.	• $(-2)^4 \times (+5)^4 = (-2 \times 5)^4 = (-10)^4 =$ $= +10000$
	• **Quoziente di potenze con uguale esponente**: si dividono le basi e si riscrive l'esponente.	• $(-15)^4 : (+5)^4 = (-15 : 5)^4 = (-3)^4 =$ $= +81$
Radici	Per calcolare la radice di un numero è importante osservare il suo segno: – se il numero è positivo la sua radice quadrata o cubica è positiva; – se il numero è negativo la sua radice quadrata non esiste mentre la sua radice cubica è negativa.	**Regola dei segni** | radice | risultato | |---|---| | $\sqrt{+}$ | + | | $\sqrt{-}$ | impossibile | | $\sqrt[3]{+}$ | + | | $\sqrt[3]{-}$ | – | **Esempi** • $\sqrt{+9} = +3$ perché $(+3)^2 = +9$ • $\sqrt{-9}$ è impossibile perché non esiste un numero relativo che elevato al quadrato dia -9. • $\sqrt[3]{+27} = +3$ perché $(+3)^3 = +27$ • $\sqrt[3]{-27} = -3$ perché $(-3)^3 = -27$
Radici particolari	• Se si estrae la radice quadrata (o cubica) di +1 si ottiene +1. • Se si estrae la radice quadrata (o cubica) di 0 si ottiene 0.	**Esempi** • $\sqrt{+1} = +1$ perché $(+1)^2 = +1$ • $\sqrt{0} = 0$ perché $0^2 = 0 \times 0 = 0$

SCHEDA 12 — CALCOLO LETTERALE

	Definizioni e termini	Procedimenti
Monomio	Un monomio è un'espressione letterale che indica un **prodotto**. Le parti di un monomio sono: parte numerica o **coefficiente** — parte letterale $-5a^2b$ Tra il coefficiente e ogni lettera c'è l'operazione di moltiplicazione che non si indica.	**Esempi** • Il monomio $4x^2$ ha: – coefficiente: 4; – parte letterale: x^2. • Il monomio $-\frac{1}{4}a^3b^2c$ ha: – coefficiente: $-\frac{1}{4}$; – parte letterale: a^3b^2c.
Particolari monomi	• Se il coefficiente di un monomio è +1 (o 1), non lo si scrive. • Se il coefficiente di un monomio è −1, si scrive solo il segno −. • Se il coefficiente di un monomio è 0, si scrive solo il numero 0.	**Esempi** • a^2b ha coefficiente +1. • $-a^2b$ ha coefficiente −1. • $0a^2b = 0$ perché $0 \times a^2 \times b = 0$
Grado	Il grado di un monomio è la somma degli esponenti di tutte le sue lettere.	**Esempio** $-5a^2b$ è di 3° grado perché l'esponente di a è 2 e quello di b è 1, quindi la loro somma è $2 + 1 = 3$
Monomi simili	• Due **monomi simili** sono due monomi con la stessa parte letterale. • Due **monomi opposti** sono due particolari monomi simili che hanno i coefficienti opposti.	**Esempi** • $-5a^2b$ e $+3a^2b$ sono simili perché hanno stessa parte letterale. • $-5a^2b$ e $+5a^2b$ sono opposti perché hanno stessa parte letterale e coefficienti opposti: -5 e $+5$.

CALCOLO LETTERALE

	Procedimenti	Calcolo
Addizione algebrica	L'addizione algebrica di due monomi simili si esegue così: – **parti numeriche**: si addizionano; – **parte letterale**: è uguale per i due monomi e si riscrive. L'addizione algebrica si può eseguire solo se i due monomi sono simili.	**Esempi** stessa parte letterale ↓ • $-12a + 4a = (-12 + 4)a = -8a$ ↑ addizione • $-12a + 4a^2$ non si può eseguire perché i due monomi non sono simili.
Moltiplicazione	La moltiplicazione tra due monomi si esegue così: – **parti numeriche**: si moltiplicano; – **parti letterali**: si addizionano gli esponenti delle lettere uguali.	**Esempi** addizione ↓ • $(-12a^3) \times (4a^2) = (-12 \times 4)a^{3+2} = -48a^5$ ↑ moltiplicazione • $(3a^4b^2c) \times (a^2b) = (3 \times 1)a^{4+2}b^{2+1}c =$ $= 3a^6b^3c$
Divisione	La divisione tra un primo monomio e un secondo monomio (diverso da zero) si esegue così: – **parti numeriche**: si divide la prima per la seconda; – **parti letterali**: si sottraggono gli esponenti delle lettere uguali.	**Esempi** sottrazione ↓ • $(-12a^3) : (4a^2) = (-12 : 4)a^{3-2} = -3a$ ↑ divisione • $(3a^4b^3c) : (a^2bc) = (3 : 1)a^{4-2}b^{3-1}c^{1-1} =$ $= 3a^2b^2c^0 = 3a^2b^2$ La lettera c non c'è perché $c^0 = 1$
Potenza	La potenza di un monomio si esegue così: – **parte numerica**: si calcola la potenza; – **parte letterale**: si moltiplicano gli esponenti di ogni lettera per l'esponente a cui è elevato il monomio.	**Esempi** moltiplicazione ↓ • $(-4a^2)^3 = (-4)^3 a^{2 \times 3} = -64a^6$ ↑ potenza • $(-3a^4b^3c)^2 = (-3)^2 a^{4 \times 2} b^{3 \times 2} c^{1 \times 2} =$ $= 9a^8b^6c^2$

CALCOLO LETTERALE

Definizioni, termini e regole	Procedimenti
Polinomio — Un polinomio è un'espressione letterale che indica un'**addizione algebrica** di monomi. $$-5a^2 + 2a - 3b$$ (termini) I **termini** del polinomio sono i monomi che lo formano e che possono anche essere numeri relativi.	**Esempi** • $7a^2b - 4a + 15ab - 3$ Il polinomio ha come termini: $7a^2b, -4a, +15ab, -3$. • $\frac{3}{4}x^2 - 3xy + \frac{7}{2}$ Il polinomio ha come termini: $\frac{3}{4}x^2, -3xy, +\frac{7}{2}$.
Particolari polinomi — Un polinomio può avere: • due termini e allora si chiama **binomio**; • tre termini e allora si chiama **trinomio**; • quattro termini e allora si chiama **quadrinomio**.	**Esempi** • $2x - 3y$ è un binomio perché è formato da due termini. • $5x^2 + 2x - 3y$ è un trinomio perché è formato da tre termini. • $5x^2 + 2x - 3y + 7$ è un quadrinomio perché è formato da quattro termini.
Grado — Il grado di un polinomio è il maggiore dei gradi dei suoi termini.	**Esempio** $-5a^2 + 2a^3 - 3b$ è di 3° grado perché 3 è il maggiore dei gradi dei suoi termini dato che: $-5a^2$ è di 2° grado; $+2a^3$ è di 3° grado; $-3b$ è di 1° grado.
Eliminare le parentesi — Per eliminare una parentesi che racchiude un polinomio si segue questa regola: – se la parentesi è preceduta dal segno + (o da nessun segno) si trascrive ogni termine del polinomio con il proprio segno; – se la parentesi è preceduta dal segno – si trascrive ogni termine del polinomio con il segno cambiato.	**Esempi** • $+(-4x + 5y - 3) = -4x + 5y - 3$ • $-(-4x + 5y - 3) = +4x - 5y + 3$

CALCOLO LETTERALE

	Procedimenti	Calcolo
Addizione algebrica	L'addizione algebrica di due o più polinomi simili si esegue così: – si tolgono le parentesi con la regola precedente; – si addizionano, se ci sono, i termini simili e questa operazione si dice **riduzione dei termini simili**.	**Esempio** $(3x - 5y + 2) - (-5x - 4y) =$ $= 3x - 5y + 2 + 5x + 4y =$ riduzione $= 8x - 1y + 2$
Moltiplicazione	• La moltiplicazione tra **un monomio e un polinomio** si esegue così: – si moltiplica il monomio per ogni termine del polinomio. • La moltiplicazione tra **due polinomi** si esegue così: – si moltiplica ogni termine del primo polinomio per ogni termine del secondo.	**Esempi** • $(2x) \cdot (3x - 5y + 2) = 6x^2 - 10xy + 4x$ moltiplicazione • $(2x - y) \cdot (x + 3y) = 2x^2 + 6xy - yx - 3y^2$ moltiplicazione
Divisione	La divisione tra **un polinomio e un monomio** (diverso da zero) si esegue così: – si divide ogni termine del polinomio per il monomio.	**Esempio** $(6x^3 - 12x^2y + 3x^2) : (3x) = 2x^2 - 4xy + x$ divisione
Quadrato di un binomio	Il quadrato di un binomio, cioè un binomio elevato alla seconda, si esegue così: – si eleva al quadrato il primo termine; – si moltiplica per 2 il prodotto del primo termine per il secondo; – si eleva al quadrato il secondo termine.	**Esempio** $(a + b)^2 = a^2 + 2ab + b^2$ perché: – il quadrato di a è a^2; – il prodotto di a e b moltiplicato per 2 è: $2 \cdot (a) \cdot (b) = 2ab$; – il quadrato di b è b^2.

SCHEDA 13 — EQUAZIONI

	Definizioni, termini e regole	Procedimenti

Equazione	Una equazione è un'uguaglianza tra due espressioni di cui almeno una letterale.
	Le parti di un'equazione sono:
	
	I membro II membro
	$$3x + 4 = 5x - 2$$
	
	L'**incognita** è la lettera che compare.
	I **termini incogniti** contengono la lettera e i **termini noti** no.
	Un'equazione è di **1° grado** se i termini incogniti sono tutti di 1° grado.
		Esempi
		• $3x + 4 = 5x - 2$
		  – incognita: x;
		  – termini incogniti: $3x$ e $5x$;
		  – termini noti: 4 e -2.
		  È di 1° grado perché i termini incogniti sono di 1° grado.
		
		• $2x = 6$
		  – incognita: x;
		  – termine incognito: $2x$;
		  – termine noto: 6.
		  È di 1° grado.

Soluzione	La soluzione di un'equazione è quel valore che, sostituito all'incognita, dà un'uguaglianza numerica vera.	**Esempio** La soluzione dell'equazione $3x + 4 = 5x - 2$ è il numero 3, perché sostituendo 3 a posto di x si ottiene un'uguaglianza vera: $3x + 4 = 5x - 2$ $3 \cdot (3) + 4 = 5 \cdot (3) - 2$ $9 + 4 = 15 - 2$ $13 = 13$ è vera
Regole	Un'equazione si può semplificare applicando queste regole. • **Regola del trasporto** Si può trasportare un termine da un membro all'altro di un'equazione purché lo si cambi di segno. • **Regola del cambio di segno** Si può cambiare segno a ogni termine di un'equazione. • **Regola del "moltiplicare o dividere"** Si possono moltiplicare o dividere entrambi i membri di un'equazione per uno stesso numero diverso da zero.	**Esempio** $3x + 4 = 5x - 2$ $3x - 5x = -4 - 2$ riducendo i termini simili l'equazione diventa: $-2x = -6$ $-2x = -6$ diventa: $2x = 6$ $2x = 6$ dividendo entrambi i membri per 2 si ottiene: $\dfrac{2x}{2} = \dfrac{6}{2}$ che quindi diventa: $x = 3$

EQUAZIONI

	Procedimenti	Calcolo
Risoluzione	Per risolvere un'equazione, cioè per trovare la sua soluzione, la si semplifica seguendo i seguenti passi, anche se non tutti sono sempre necessari. 1) Si eliminano le parentesi. 2) Si riducono i termini simili. 3) Si applica la regola del trasporto raggruppando i termini incogniti al I membro e i termini noti al II membro. 4) Si riducono i termini simili fino ad avere un solo termine incognito al I membro e uno solo noto al II membro. Si dice allora che l'equazione è in **forma normale**, cioè nella forma più semplificata possibile. 5) Si dividono entrambi i membri per il coefficiente (la parte numerica) del termine incognito. 6) Il valore ottenuto è la soluzione dell'equazione.	**Esempio** $4(3x + 2) = 8 - 2(1 - x) - 4x$ 1) $12x + 8 = 8 - 2 + 2x - 4x$ 2) $12x + 8 = 6 - 2x$ 3) $12x + 2x = -8 + 6$ 4) $14x = -2$ forma normale 5) $\dfrac{14x}{14} = -\dfrac{2}{14}$ 6) $x = -\dfrac{1}{7}$ Il valore $-\dfrac{1}{7}$ è la soluzione dell'equazione.

Problemi	Le equazioni si utilizzano per risolvere alcuni tipi di problemi seguendo questo procedimento:
	
	– si indica con x (o con un'altra lettera) la quantità da trovare;
	– si trasforma il testo del problema in una equazione;
	– si risolve l'equazione.
		Esempio
		Il doppio dell'età di Sara aumentato di 5 anni è uguale a 21 anni. Quanti anni ha Sara?
		
		Età di Sara (in anni): x
		
		Testo **In simboli**
		Doppio dell'età di Sara: $2x$
		aumentato di 5 anni: $+5$
		è uguale a 21 anni: $=21$
		
		L'equazione è: $2x + 5 = 21$
		Si risolve: $2x = 21 - 5$
		                 $2x = 16$
		                 $\dfrac{2x}{2} = \dfrac{16}{2}$
		                 $x = 8$
		Sara ha 8 anni.

SCHEDA 14 — PIANO CARTESIANO E GRAFICI

	Definizioni e termini	Grafico
Piano	Il **piano cartesiano** è suddiviso da due **assi** perpendicolari in quattro parti chiamate **quadranti**. L'**asse delle ascisse** si indica con *x*. L'**asse delle ordinate** si indica con *y*. L'**origine** è il punto di incontro degli assi e si indica con *O*.	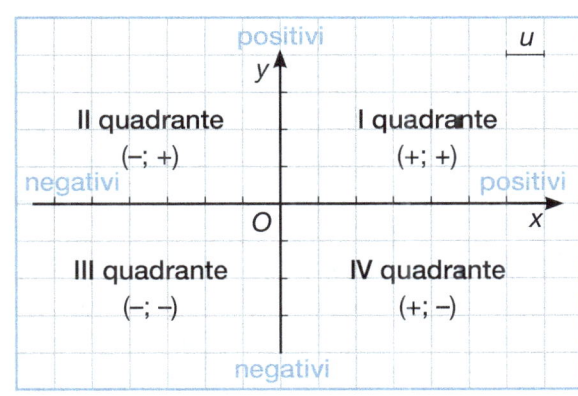
Punto	La posizione di un punto *A* nel piano cartesiano è indicata dalle sue **coordinate** che sono due numeri: $$A(-2; +3)$$ ascissa ordinata L'ascissa, cioè il valore che si trova sull'asse *x*, è sempre al primo posto. L'ordinata, cioè il valore che si trova sull'asse *y*, è sempre al secondo posto.	Per tracciare un punto si osservano i segni delle coordinate e si segue questo percorso: – si parte da *O* e ci si sposta a destra (+), o a sinistra (−) o si rimane fermi (0) considerando il primo numero; – si prosegue in alto (+), o in basso (−) o si rimane fermi (0) considerando il secondo numero. **Esempio** Per tracciare $A(-2; +3)$ si parte da *O* e si procede di 2 unità a sinistra (−), poi si prosegue di 3 unità in alto (+). 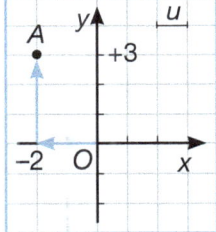
Segmento	La misura di un segmento *AB* che ha come estremi i punti $A(x_A; y_A)$ e $B(x_B; y_B)$ si trova con questa formula: $$\overline{AB} = \sqrt{(x_A - x_B)^2 + (y_A - y_B)^2}$$	**Esempio** $A(+1; +1)$ $B(+4; +5)$ La misura del segmento *AB*, rispetto a *u*, è: $\overline{AB} = \sqrt{(+1-4)^2 + (+1-5)^2} =$ $= \sqrt{(-3)^2 + (-4)^2} = \sqrt{9+16} =$ $= \sqrt{25} = 5\,(u)$ 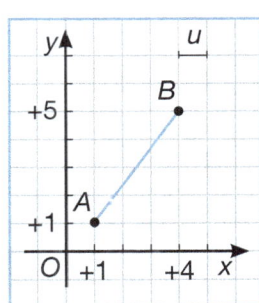

PIANO CARTESIANO E GRAFICI

	Equazione	Grafico
Retta	L'equazione di una retta è di questo tipo: $$y = m \cdot x + q$$ coefficiente di x — termine noto x e y sono variabili, cioè valori che cambiano; m e q sono costanti, cioè valori che non cambiano.	Per tracciare una retta si costruisce una tabella in questo modo: – si assegnano a x due valori (ad esempio 0 e 1); – si ricavano i valori corrispondenti di y sostituendoli nell'equazione; – si ricavano le coordinate dei due punti. **Esempio** L'equazione della retta è $y = 2x + 1$. La tabella è: | x | y | |---|---| | 0 | +1 | | +1 | +3 | La retta passa per $A(0; +1)$ e $B(+1; +3)$.
Costante m	La costante m si chiama anche **coefficiente angolare** perché dal suo valore dipende l'inclinazione della retta rispetto all'asse x. A coefficienti angolari uguali corrispondono inclinazioni uguali e quindi rette parallele.	**Esempio** L'equazione della retta r è $y = 2x + 6$. | x | y | |---|---| | 0 | +6 | | +1 | +8 | L'equazione della retta s è $y = 2x - 3$. | x | y | |---|---| | 0 | -3 | | +1 | -1 | Le due rette hanno lo stesso coefficiente angolare m, che è 2; infatti le due rette sono parallele.
Costante q	La costante q indica il punto in cui la retta incontra l'asse y. Se il termine noto q non c'è, cioè è 0, allora la retta passa per l'origine O.	**Esempio** L'equazione della retta r è $y = 2x$. | x | y | |---|---| | 0 | 0 | | +1 | +2 | La costante q è 0 e infatti la retta passa per l'origine.

PIANO CARTESIANO E GRAFICI

	Equazione	Grafico
Iperbole	L'equazione di un'iperbole equilatera è di questo tipo: $$y = \dfrac{k}{x}$$ y e x sono variabili; k è costante.	È formato da due rami simmetrici rispetto all'origine O. Si disegna costruendo una **tabella** assegnando a x più di due valori (tranne 0). **Esempio** L'equazione dell'iperbole è: $y = \dfrac{24}{x}$ La tabella è: 	x	−24	−8	−1	+1	+8	+24	 |---|---|---|---|---|---|---| | y	−1	−3	−24	+24	+3	+1	 Punti: A(−24; −1), B(−8; −3), C(−1; −24), D(+1; +24), E(+8; +3), F(+24; +1)
Costante k	Il segno della costante k indica in quali quadranti si trovano i due rami dell'iperbole equilatera.	**k positivo**: I quadrante, III quadrante. **k negativo**: II quadrante, IV quadrante. **Esempi** • $y = \dfrac{6}{x}$ è l'equazione di un'iperbole equilatera il cui grafico è nel I e III quadrante perché k (6) è positivo. • $y = -\dfrac{6}{x}$ è l'equazione di un'iperbole equilatera il cui grafico è nel II e IV quadrante perché k (−6) è negativo.

PIANO CARTESIANO E GRAFICI

	Equazione	Grafico
Parabola	L'equazione di una parabola è di questo tipo: $$y = a \cdot x^2$$ y e x sono variabili; a è costante.	È formato da una curva passante per l'origine O e simmetrica rispetto all'asse y. Si disegna costruendo una **tabella** assegnando a x più di due valori (anche 0). **Esempio** L'equazione della parabola è: $y = x^2$ La tabella è: <table><tr><th>x</th><th>y</th></tr><tr><td>−4</td><td>+16</td></tr><tr><td>−3</td><td>+9</td></tr><tr><td>−1</td><td>+1</td></tr><tr><td>0</td><td>0</td></tr><tr><td>+1</td><td>+1</td></tr><tr><td>+3</td><td>+9</td></tr><tr><td>+4</td><td>+16</td></tr></table>
Costante a	Il segno della costante a indica in quali quadranti si trova la parabola.	*a* positivo → II quadrante, I quadrante *a* negativo → III quadrante, IV quadrante **Esempi** • $y = 6x^2$ è l'equazione di una parabola il cui grafico è nel I e II quadrante perché a (6) è positivo. • $y = -6x^2$ è l'equazione di una parabola il cui grafico è nel III e IV quadrante perché a (−6) è negativo.

SCHEDA 15 INSIEMI

	Definizioni, termini e simboli	Rappresentazione
Insieme	Un insieme è un gruppo di oggetti chiamati **elementi**. **In simboli** Per indicare che un elemento appartiene o non appartiene a un insieme si scrive: • $\in$ e si legge "appartiene a"; • $\notin$ e si legge "non appartiene a".	**Esempio** Con i diagrammi di Eulero-Venn: 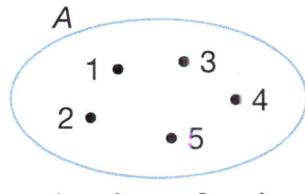 $1 \in A \qquad 6 \notin A$ Per elencazione: $A = \{1, 2, 3, 4, 5\}$
Insiemi particolari	• Un **insieme vuoto** è un insieme senza alcun elemento. In simboli: $\varnothing$ • Un **insieme infinito** ha un numero illimitato di elementi.	**Esempi** • L'insieme A dei numeri naturali negativi è vuoto: $A = \varnothing = \{\ \}$ • L'insieme N dei numeri naturali è infinito: $N = \{0, 1, 2, 3, 4, 5, 6, \ldots\}$
Sottoinsieme	Una parte di un insieme si chiama sottoinsieme. **In simboli** Per indicare che un insieme è contenuto o non è contenuto in un altro insieme si scrive: • $\subset$ e si legge "è contenuto in"; • $\not\subset$ e si legge "non è contenuto in".	**Esempio** Con i diagrammi di Eulero-Venn: 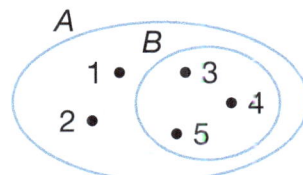 $B \subset A$ Per elencazione: $\{3, 4, 5\} \subset \{1, 2, 3, 4, 5\}$

Definizioni, termini e simboli	Rappresentazione
Intersezione L'intersezione di due insiemi è l'insieme formato solo dagli elementi comuni sia all'uno che all'altro insieme. **In simboli** Per indicare l'insieme intersezione tra due insiemi si scrive questo simbolo tra essi: $\cap$ e si legge "intersezione".	**Esempio** Con i diagrammi di Eulero-Venn: 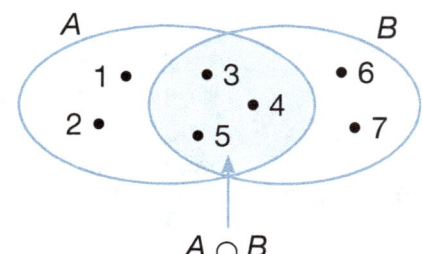 Per elencazione: $A \cap B = \{3, 4, 5\}$
Unione L'unione di due insiemi è l'insieme formato da tutti gli elementi sia dell'uno che dell'altro insieme. **In simboli** Per indicare l'insieme unione tra due insiemi si scrive questo simbolo tra essi: $\cup$ e si legge "unione".	**Esempio** Con i diagrammi di Eulero-Venn: 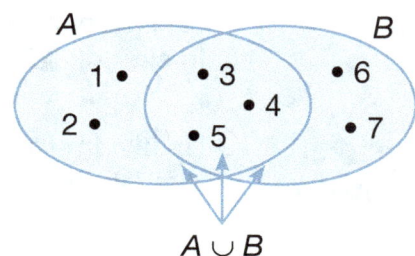 Per elencazione: $A \cup B = \{1, 2, 3, 4, 5, 6, 7\}$
Differenza La differenza tra un insieme e un suo sottoinsieme è formato da tutti gli elementi dell'insieme che non appartengono al sottoinsieme. **In simboli** Per indicare l'insieme differenza tra un insieme e un suo sottoinsieme si scrive questo simbolo tra essi: $-$ e si legge "meno".	**Esempio** Con i diagrammi di Eulero-Venn: 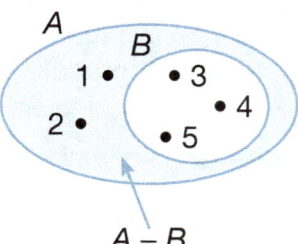 Per elencazione: $A - B = \{1, 2\}$

SCHEDA 16 — CALCOLO DELLE PROBABILITÀ E INDAGINI

	Definizioni e termini	Calcolo
Evento casuale	Un evento E casuale o aleatorio è un fatto che può verificarsi, cioè che può accadere. La sua probabilità si indica con $P(E)$ ed è un numero maggiore di 0 e minore di 1.	$P(E) = \dfrac{\text{numero casi favorevoli}}{\text{numero casi possibili}}$ **Esempio** Qual è la probabilità che lanciando un dado esca un numero pari? $P(E) = \dfrac{3}{6}$ — numero dei casi favorevoli che sono: 2, 4, 6. — numero dei casi possibili che sono: 1, 2, 3, 4, 5, 6. Semplificando: $P(E) = \dfrac{1}{2}$
Eventi particolari	• Un evento E **certo** accadrà sicuramente. • Un evento E **impossibile** non accadrà mai.	$P(E \text{ certo}) = 1$ **Esempio** Qual è la probabilità che lanciando un dado esca un numero minore di 7? $P(E) = \dfrac{6}{6} = 1$ $P(E \text{ impossibile}) = 0$ **Esempio** Qual è la probabilità che lanciando un dado esca un numero maggiore di 7? $P(E) = \dfrac{0}{6} = 0$
Eventi contrari	Due eventi sono contrari tra loro se uno accade soltanto quando non accade l'altro. Se un evento si indica con E il suo contrario si indica con $\overline{E}$. **Esempio** Nel lancio di un dado l'uscita del numero 5 (evento E) ha come evento contrario la non uscita del numero 5 (evento $\overline{E}$).	$P(\overline{E} \text{ contrario di } E) = 1 - P(E)$ **Esempio** Qual è la probabilità che lanciando un dado non esca il numero 5? $P(\overline{E}) = 1 - \dfrac{1}{6} = \dfrac{6-1}{6} = \dfrac{5}{6}$ E: "Esce il numero 5"

CALCOLO DELLE PROBABILITÀ E INDAGINI

	Definizioni e termini	Calcolo
Eventi incompatibili	Due eventi A e B sono incompatibili se non possono accadere insieme. **Esempio** Nel lancio di un dado se esce il numero 5 (evento A) allora vuol dire che non esce un numero pari (evento B): quindi A e B sono eventi incompatibili.	**Regola della somma** $$P(A \text{ o } B) = P(A) + P(B)$$ **Esempio** Qual è la probabilità che nel lancio di un dado esca il 5 o un numero pari? $$P(A \text{ o } B) = \frac{1}{6} + \frac{3}{6} = \frac{4^2}{6_3} = \frac{2}{3}$$ A: "Esce il numero 5" B: "Esce un numero pari"
Eventi compatibili	Due eventi A e B sono compatibili se possono accadere insieme. **Esempio** Nel lancio di un dado se esce un numero minore di 5 (evento A) allora vuol dire che può anche uscire un numero pari (evento B) come il 4 e il 2: quindi A e B sono eventi compatibili.	$$P(A \text{ o } B) = P(A) + P(B) - P(A \text{ e } B)$$ **Esempio** Qual è la probabilità che nel lancio di un dado esca un numero minore di 5 o un numero pari? $$P(A \text{ o } B) = \frac{4}{6} + \frac{3}{6} - \frac{2}{6} = \frac{5}{6}$$ A: "Esce un numero minore di 5" B: "Esce un numero pari" A e B: "Esce un numero minore di 5 e pari"
Eventi indipendenti	Due eventi A e B indipendenti possono accadere in modo slegato l'uno dall'altro. Si osservano in prove ripetute come più lanci di dadi o più estrazioni da urne. **Esempio** Lanciando due volte un dado l'uscita del numero 5 la prima volta (evento A) non è legata all'uscita del numero 1 la seconda volta (evento B): quindi A e B sono eventi indipendenti.	**Regola del prodotto** $$P(A \text{ e } B) = P(A) \cdot P(B)$$ **Esempio** Qual è la probabilità che lanciando due volte un dado esca la prima volta 5 e la seconda un numero pari? $$P(A \text{ e } B) = \frac{1}{6} \cdot \frac{3}{6} = \frac{3^1}{36_{12}} = \frac{1}{12}$$ A: "Esce la prima volta il numero 5" B: "Esce la seconda volta un numero pari"

CALCOLO DELLE PROBABILITÀ E INDAGINI

Fasi di un'indagine statistica	Esempio di indagine
1. Rilevazione In questa fase si raccolgono i dati. Nella **rilevazione completa** si considerano tutti i casi che formano la popolazione statistica da esaminare. Nella **rilevazione per campione** si considerano solo una parte dei casi della popolazione.	In una giornata sportiva si effettua una gara di lancio del peso in cui si effettuano 25 lanci. Vengono raccolte le misure di tutti i 25 lanci effettuati e quindi la rilevazione è completa.
2. Elaborazione In questa fase i dati vengono sistemati in una tabella in cui si calcolano le frequenze. I dati numerici osservati, se numerosi, si possono anche suddividere in gruppi detti **classi**. Di ogni classe di dati si calcola: – la **frequenza assoluta** (f) cioè quante volte si presenta; – la **frequenza relativa** (F) che si ottiene dividendo f per il numero (n) totale di dati raccolti e indicando il risultato in percentuale.	<table><tr><th>classi (in m)</th><th>f</th><th>F</th></tr><tr><td>6-7</td><td>2</td><td>2 : 25 = 0,08 = 8%</td></tr><tr><td>7-8</td><td>7</td><td>7 : 25 = 0,28 = 28%</td></tr><tr><td>8-9</td><td>9</td><td>9 : 25 = 0,36 = 36%</td></tr><tr><td>9-10</td><td>6</td><td>6 : 25 = 0,24 = 24%</td></tr><tr><td>10-11</td><td>1</td><td>1 : 25 = 0,04 = 4%</td></tr><tr><td></td><td>25</td><td>100%</td></tr></table> I lanci, a seconda delle loro misure, sono suddivisi in cinque classi: – da 6 m a meno di 7 m in cui ci sono 2 lanci e quindi $f = 2$; – da 7 m a meno di 8 m in cui ci sono 7 lanci e quindi $f = 7$; ecc.
3. Rappresentazione In questa fase i dati elaborati vengono rappresentati con un grafico. • Per rappresentare le frequenze assolute si può utilizzare un **istogramma**. • Per rappresentare le frequenze relative si può utilizzare un **areogramma**.	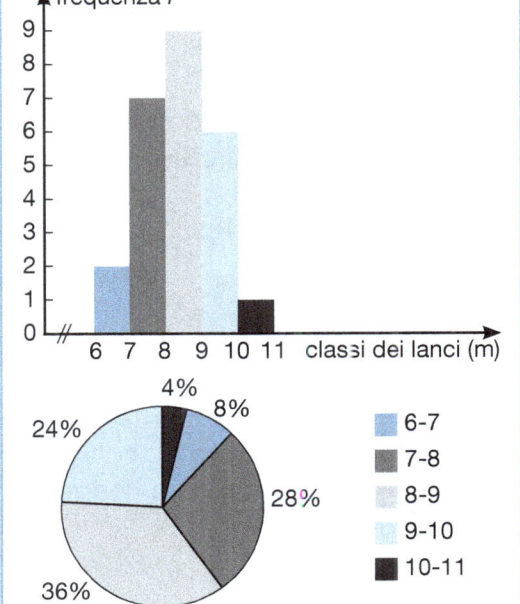

SCHEDA 17 — SEGMENTI, ANGOLI E RETTE

	Definizioni e termini	Figure e simboli
Segmento	Un segmento è una parte di retta limitata da due punti detti **estremi** del segmento.	A •————• B Segmento con estremi A e B. **In simboli:** AB $\overline{AB}$ indica invece la sua misura.
Misura	La misura di un segmento dipende dalla sua **lunghezza**. L'unità di misura fondamentale della lunghezza è il **metro (m)**. **Unità superiori al metro:** • decametro (dam) • ettometro (hm) • chilometro (km) **Unità inferiori al metro:** • decimetro (dm) • centimetro (cm) • millimetro (mm) Data un'unità, per trasformarla nell'unità inferiore la si moltiplica per 10 e per trasformarla nell'unità superiore la si divide per 10.	Scala delle unità: mm – cm – dm – m – dam – hm – km (:10 salendo, ×10 scendendo) **Esempi** • 2 cm = (2 × 10) mm = 20 mm • 2 cm = (2 : 10) dm = 0,2 dm
Multiplo e sottomultiplo	• Un multiplo di un segmento si ottiene raddoppiandolo, o triplicandolo, o quadruplicandolo, ... • Un sottomultiplo di un segmento si ottiene dividendolo in due, o in tre, ... parti congruenti, cioè con la stessa lunghezza.	C •——• D A •————• B • AB è il doppio di CD. **In simboli:** AB = 2CD • CD è la metà di AB. **In simboli:** $CD = \dfrac{1}{2}AB$
Punto medio	Il punto medio di un segmento è il **punto** che divide un segmento in due parti congruenti.	A •——• M ——• B M è il punto medio di AB. **In simboli:** AM = MB **Esempio** Se $\overline{AB}$ = 12 cm, allora $\overline{AM} = \overline{MB}$ = 6 cm

SEGMENTI, ANGOLI E RETTE

	Definizioni e termini	Figure e simboli
Angolo	Un angolo è una parte di piano limitata da due semirette che hanno l'origine in comune. I **lati** dell'angolo sono le due semirette. Il **vertice** dell'angolo è l'origine delle due semirette.	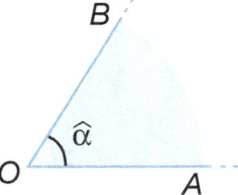 Angolo con vertice O e lati OA e OB. **In simboli:** $A\hat{O}B$ Si può anche scrivere solo $\hat{\alpha}$ o $\hat{O}$.
Misura	La misura di un angolo dipende dalla sua **ampiezza**. L'unità di misura fondamentale dell'ampiezza è il **grado** (°). **Unità inferiori al grado:** • il **primo** (') che è la sessantesima parte del grado; • il **secondo** (") che è la sessantesima parte del primo. Data un'unità, per trasformarla nell'unità inferiore la si moltiplica per 60 e per trasformarla nell'unità superiore la si divide per 60.	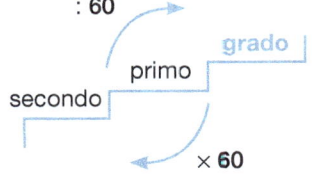 **Esempi** • $4° = (4 \times 60)' = 240'$ • $120'' = (120 : 60)' = 2'$
Multiplo e sotto-multiplo	• Un multiplo di un angolo si ottiene raddoppiandolo, o triplicandolo, o quadruplicandolo, ... • Un sottomultiplo di un angolo si ottiene dividendolo in due, o in tre, ... parti congruenti, cioè con la stessa ampiezza.	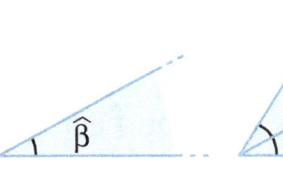 • $\hat{\alpha}$ è il doppio di $\hat{\beta}$. **In simboli:** $\hat{\alpha} = 2\hat{\beta}$ • $\hat{\beta}$ è la metà di $\hat{\alpha}$. **In simboli:** $\hat{\beta} = \frac{1}{2}\hat{\alpha}$
Bisettrice	La bisettrice di un angolo è la **semiretta** che divide l'angolo in due angoli congruenti.	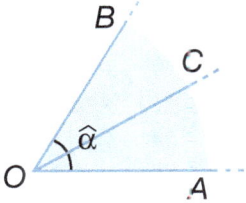 OC è la bisettrice di $A\hat{O}B$. **In simboli:** $A\hat{O}C = C\hat{O}B$ **Esempio** Se $A\hat{O}B = 60°$, allora $A\hat{O}C = C\hat{O}B = 30°$.

SEGMENTI, ANGOLI E RETTE

	Definizioni e termini	Figure e simboli
Angoli particolari	• Un **angolo piatto** è un angolo con i lati che sono semirette opposte. La sua misura è 180°.	$A\hat{O}B = 180°$
	• Un **angolo retto** è la metà di un angolo piatto. La sua misura è 90°.	$A\hat{O}B = 90°$
	• Un **angolo acuto** è minore di un angolo retto. La sua misura è minore di 90°.	$A\hat{O}B < 90°$
	• Un **angolo ottuso** è maggiore di un angolo retto e minore di un angolo piatto. La sua misura è maggiore di 90° e minore di 180°.	$90° < A\hat{O}B < 180°$
	• Un **angolo giro** è formato da tutti i punti del piano. La sua misura è 360°.	$A\hat{O}B = 360°$
	• Un **angolo nullo** è formato solo dai punti dei suoi lati. La sua misura è 0°.	$A\hat{O}B = 0°$
Angoli complementari e supplementari	• Due angoli si dicono complementari se la loro somma è un angolo retto e quindi misura 90°.	In simboli: $A\hat{O}B + B\hat{O}C = 90°$ **Esempio** Se $A\hat{O}B = 35°$, allora $B\hat{O}C = 55°$ perché $35° + 55° = 90°$.
	• Due angoli si dicono supplementari se la loro somma è un angolo piatto e quindi misura 180°.	In simboli: $A\hat{O}B + B\hat{O}C = 180°$ **Esempio** Se $A\hat{O}B = 35°$, allora $B\hat{O}C = 145°$ perché $35° + 145° = 180°$.

SEGMENTI, ANGOLI E RETTE

	Definizioni e termini	Figure e simboli
Rette perpendicolari	Due rette perpendicolari tra loro sono due rette che si incontrano e dividono il piano in quattro angoli retti.	(figura: rette a e b perpendicolari, quattro angoli di 90°) Il simbolo di perpendicolarità è ⊥. $a \perp b$ si legge "la retta a è perpendicolare alla retta b".
Rette parallele	Due rette parallele tra loro sono due rette di uno stesso piano che non hanno punti in comune.	(figura: rette a e b parallele) Il simbolo di parallelismo è //. $a // b$ si legge "la retta a è parallela alla retta b".
Asse di un segmento	L'asse di un segmento è la retta perpendicolare al segmento e che passa per il suo punto medio.	(figura: segmento AB con punto medio M e retta a perpendicolare) a è asse del segmento AB. **In simboli:** $a \perp AB$ e $AM = MB$
Distanze	• La **distanza tra due punti** si disegna tracciando il segmento che ha per estremi i due punti.	(figura: punti P e H collegati) • PH è la distanza di P ca H.
	• La **distanza di un punto da una retta** si disegna tracciando il segmento di perpendicolare dal punto alla retta.	(figura: punto P, perpendicolare a retta r in H) • PH è la distanza di P ca r.
	• La **distanza tra due rette parallele** si disegna tracciando il segmento di perpendicolare da un punto qualsiasi di una delle due rette all'altra.	(figura: rette parallele r e s, segmento PH perpendicolare) • PH è la distanza tra le rette parallele r e s.

SCHEDA 18 — POLIGONI

Definizioni e termini	Figure e simboli
Poligono — Un poligono è una parte di piano limitata da una spezzata chiusa non intrecciata. Il **contorno** del poligono è la spezzata. I **lati** del poligono sono i segmenti del contorno. I **vertici** del poligono sono gli estremi dei lati. Due lati si dicono **consecutivi** se hanno un vertice in comune.	Poligono con vertici A, B, C, D, E e lati AB, BC, CD, DE, EA. In simboli: $ABCDE$ **Esempio** AB e BC sono lati consecutivi perché hanno in comune B.
Nomi dei poligoni — Un poligono ha almeno tre lati e prende il nome dal numero n dei suoi lati. • **Triangolo**: tre lati ($n = 3$) • **Quadrilatero**: quattro lati ($n = 4$) • **Pentagono**: cinque lati ($n = 5$) • **Esagono**: sei lati ($n = 6$) • **Ettagono**: sette lati ($n = 7$) • **Ottagono**: otto lati ($n = 8$) ecc.	3 4 5 6 7 8
Perimetro — Il perimetro di un poligono è la misura della lunghezza del contorno. Il perimetro si indica con $2p$. Il semiperimetro, cioè la metà del perimetro, si indica con p.	In simboli: $p = \overline{AB} + \overline{BC} + \overline{CA}$
Diagonali — Una diagonale di un poligono è un segmento che congiunge due suoi vertici non consecutivi. Il numero di tutte le diagonali di un poligono con n lati è: $n \times (n - 3) : 2$	Le diagonali del pentagono sono AD, AC, BE, BD, CE. **Esempio** Se un poligono è un esagono ($n = 6$), allora il numero delle sue diagonali è: $6 \times (6 - 3) : 2 = 6 \times 3 : 2 = 18 : 2 = 9$

POLIGONI

	Definizioni e termini	Figure e simboli
Angoli interni	Un angolo interno o, semplicemente, un angolo di un poligono è formato da due suoi lati consecutivi. La misura della somma degli angoli interni di un poligono con *n* lati è: $180° \times (n - 2)$	**Esempio** Se un poligono è un pentagono (*n* = 5), allora la misura della somma dei suoi angoli interni è: $180° \times (5 - 2) = 180° \times 3 = 540°$
Angoli esterni	Un angolo esterno di un poligono è formato da un suo lato e dal prolungamento di un lato consecutivo a esso La misura della somma degli angoli esterni (uno solo per ogni vertice) di un qualsiasi poligono è sempre: $360°$	**Esempio** Per tracciare gli angoli esterni si fissa un verso e si prolungano i lati come in una "girandola".
Relazione tra angoli interni ed esterni	Un angolo interno di un poligono e un angolo esterno con lo stesso vertice sono supplementari, cioè la misura della loro somma è: $180°$	$\widehat{\alpha}$ e $\widehat{\beta}$ sono supplementari. In simboli: $\widehat{\alpha} + \widehat{\beta} = 180°$ **Esempio** Se $\widehat{\alpha} = 120°$, allora $\widehat{\beta} = 60°$.
Poligoni regolari	Un poligono regolare è un poligono con tutti i lati e gli angoli congruenti. Il perimetro di un poligono regolare si ottiene moltiplicando la misura di un suo lato (*l*) per il numero dei lati (*n*): $2p = l \times n$	*ABCDEF* è un esagono regolare. In simboli: $AB = BC = CD = DE = EF = FA$ $\widehat{A} = \widehat{B} = \widehat{C} = \widehat{D} = \widehat{E} = \widehat{F}$ **Esempio** Se *l* = 15 cm, allora il perimetro dell'esagono regolare è: $2p = (15 \times 6)$ cm $= 90$ cm

SCHEDA 19 TRIANGOLI

	Definizioni e termini	Figure e simboli
Triangolo	Un triangolo è un poligono con tre lati e tre angoli. In ogni triangolo la misura della somma degli angoli è sempre **180°**. Due angoli che hanno in comune un lato si dicono **adiacenti** a tale lato.	In simboli: $\hat{A} + \hat{B} + \hat{C} = 180°$ **Esempio** $\hat{A}$ e $\hat{B}$ sono adiacenti al lato AB.
Classificazione rispetto ai lati	1) Un triangolo **scaleno** ha i tre lati non congruenti.	In simboli: $AB \neq BC \neq AC$
	2) Un triangolo **isoscele** ha due lati congruenti.	In simboli: $AB \neq BC = AC$
	3) Un triangolo **equilatero** ha i tre lati congruenti.	In simboli: $AB = BC = AC$
Classificazione rispetto agli angoli	1) Un triangolo **acutangolo** ha tre angoli acuti.	In simboli: $\hat{A}, \hat{B}, \hat{C} < 90°$
	2) Un triangolo **rettangolo** ha un angolo retto.	In simboli: $\hat{A} = 90°$
	3) Un triangolo **ottusangolo** ha un angolo ottuso.	In simboli: $\hat{A} > 90°$

TRIANGOLI

Definizioni e termini	Figure e simboli
Altezza — L'altezza di un triangolo relativa a un lato è la parte di perpendicolare che va dal lato (o il suo prolungamento) al vertice opposto. Un triangolo ha tre altezze che si incontrano (prolungandole se necessario) in un punto detto **ortocentro**.	CH è l'altezza relativa al lato AB. **In simboli:** $CH \perp AB$
Mediana — La mediana di un triangolo relativa a un lato è il segmento che va dal punto medio del lato al vertice opposto. Un triangolo ha tre mediane che si incontrano in un punto detto **baricentro**.	CM è la mediana relativa al lato AB. **In simboli:** $AM = MB$
Bisettrice — La bisettrice di un triangolo relativa a un angolo è la parte di bisettrice che va dal vertice dell'angolo al lato opposto. Un triangolo ha tre bisettrici che si incontrano in un punto detto **incentro**.	AG è la bisettrice dell'angolo $\hat{A}$. **In simboli:** $B\hat{A}G = G\hat{A}C$
Asse — L'asse di un triangolo relativo a un lato è la retta perpendicolare al lato nel suo punto medio. Un triangolo ha tre assi che si incontrano in un punto detto **circocentro**.	a è l'asse relativo al lato AB. **In simboli:** $a \perp AB$ e $AM = MB$

TRIANGOLI

Definizioni e termini	Figure e simboli
Triangolo isoscele In un triangolo isoscele i due lati congruenti formano l'**angolo al vertice**. Il terzo lato si chiama **base** e gli angoli congruenti adiacenti a essa si chiamano **angoli alla base**. • Un triangolo isoscele può essere acutangolo, ottusangolo, rettangolo.	angolo al vertice — altezza relativa alla base — angoli alla base — lato — lato — base (A H B, C) **Esempio** Se $\overline{AC}$ = 10 cm e $\overline{AB}$ = 3 cm, allora il perimetro del triangolo isoscele ABC è: $2p = (10 \times 2 + 3)$ cm = 23 cm
Triangolo equilatero In un triangolo equilatero ciascun angolo misura **60°**. • Un triangolo equilatero può essere solo acutangolo.	60°, 60°, 60° **Esempio** Se $\overline{AC}$ = 10 cm, allora il perimetro di ABC è: $2p = (10 \times 3)$ cm = 30 cm
Triangolo rettangolo In un triangolo rettangolo i due lati che formano l'angolo retto si chiamano **cateti** e il terzo lato si chiama **ipotenusa**. L'altezza relativa all'ipotenusa divide l'ipotenusa in due segmenti chiamati **proiezioni dei cateti sull'ipotenusa**. • Un triangolo rettangolo può essere o isoscele o scaleno.	ABC è scaleno. ABC è isoscele. cateto, ipotenusa, cateto (A B), cateto, ipotenusa, cateto (A B) CH è la proiezione del cateto AC sull'ipotenusa CB HB è la proiezione del cateto AB sull'ipotenusa CB **Esempio** Se nel triangolo scaleno ABC $2p$ = 12 cm, $\overline{AB}$ = 4 cm, $\overline{AC}$ = 3 cm, allora la misura dell'ipotenusa è: $\overline{CB} = (12 - 4 - 3)$ cm = 5 cm

SCHEDA 20 — QUADRILATERI

	Definizioni e termini	Figure e simboli
Quadrilatero	Un quadrilatero è un poligono con quattro lati e quattro angoli. Due lati si dicono **consecutivi** se hanno un vertice in comune, altrimenti si dicono **opposti**. Due angoli che hanno in comune un lato si dicono **adiacenti** a tale lato.	**Esempio** • AB e AD sono lati consecutivi. • AB e DC sono lati opposti. • $\hat{A}$ e $\hat{B}$ sono i due angoli adiacenti al lato AB.
Proprietà	Ogni quadrilatero ha due diagonali. La misura della somma degli angoli di ogni quadrilatero è sempre **360°**.	In simboli: $\hat{A} + \hat{B} + \hat{C} + \hat{D} = 360°$
Particolari quadrilateri	I principali tipi di quadrilateri sono: – **trapezi**; – **parallelogrammi** e, tra questi, **quadrati**, **rombi** e **rettangoli**. Quadrilateri ⊃ Trapezi ⊃ Parallelogrammi	**Esempio** • trapezio • parallelogramma • rettangolo • rombo • quadrato

QUADRILATERI

	Definizioni e termini	Figure e simboli
Trapezio	Un trapezio è un particolare quadrilatero con due lati opposti paralleli. I lati paralleli si chiamano **base maggiore** e **base minore** e gli altri due si chiamano **lati obliqui**. La distanza tra le basi si chiama **altezza**.	• Le basi sono parallele. In simboli: $AB \mathbin{/\mkern-6mu/} CD$ • L'altezza è perpendicolare alle basi. In simboli: $DH \perp AB$ e $DH \perp DC$ • La misura della somma degli angoli adiacenti a ciascun lato obliquo è 180°. In simboli: $\hat{A} + \hat{D} = 180°$ $\hat{B} + \hat{C} = 180°$
Trapezio scaleno	Un trapezio scaleno ha i lati obliqui non congruenti.	In simboli: $AD \neq BC$
Trapezio rettangolo	Un trapezio rettangolo è un particolare trapezio scaleno con un lato perpendicolare alle basi.	In simboli: $AD \perp AB$ e $AD \perp DC$
Trapezio isoscele	Un trapezio isoscele ha i lati obliqui congruenti.	• In simboli: $AD = BC$ • Le diagonali sono congruenti. In simboli: $AC = DB$ • Gli angoli adiacenti alle basi sono congruenti. In simboli: $\hat{A} = \hat{B}$ e $\hat{D} = \hat{C}$

QUADRILATERI

Definizioni e termini	Figure e simboli
Parallelogramma Un parallelogramma è un particolare quadrilatero con i lati opposti paralleli. Uno dei lati si chiama **base** e l'**altezza** relativa è la distanza tra la base e il lato opposto.	• I lati opposti sono paralleli e congruenti. In simboli: $AB // DC$ e $AB = DC$ $\qquad\qquad AD // BC$ e $AD = BC$ • Gli angoli opposti sono congruenti. In simboli: $\hat{A} = \hat{C}$ e $\hat{B} = \hat{D}$ • Le diagonali si incontrano nel punto medio. In simboli: $AO = OC$ e $BO = OD$
Rettangolo Un rettangolo è un particolare parallelogramma con gli angoli congruenti. Le **dimensioni** di un rettangolo sono due suoi lati consecutivi: uno si chiama **base** e l'altro **altezza**.	• I quattro angoli misurano 90°. In simboli: $\hat{A} = \hat{B} = \hat{C} = \hat{D} = 90°$ • Le diagonali sono congruenti. In simboli: $AC = DB$
Rombo Un rombo è un particolare parallelogramma con i lati congruenti.	• I quattro lati sono congruenti. In simboli: $AB = BC = CD = DA$ • Le diagonali sono perpendicolari. In simboli: $AC \perp DB$
Quadrato Un quadrato è un particolare parallelogramma con i lati congruenti e gli angoli congruenti. Quindi un quadrato è anche un particolare rettangolo e un particolare rombo.	• I quattro angoli misurano 90°. In simboli: $\hat{A} = \hat{B} = \hat{C} = \hat{D} = 90°$ • I quattro lati sono congruenti. In simboli: $AB = BC = CD = DA$ • Le diagonali sono congruenti e perpendicolari. In simboli: $AC = DB$ e $AC \perp DB$

SCHEDA 21 — AREA DEI POLIGONI

	Definizioni e termini	Figure e simboli
Area	La misura della superficie di una figura si chiama **area**. L'area si indica con la lettera $\mathcal{A}$.	**Esempio** A Se ogni quadratino è 1 cm², allora l'area di **A** è: $\mathcal{A} = 3$ cm².
Misura	L'unità di misura fondamentale della superficie è il **metro quadrato (m²)**. **Unità superiori al metro quadrato:** • decametro quadrato (dam²) • ettometro quadrato (hm²) • chilometro quadrato (km²) **Unità inferiori al metro quadrato:** • decimetro quadrato (dm²) • centimetro quadrato (cm²) • millimetro quadrato (mm²) Data un'unità, per trasformarla nell'unità inferiore la si moltiplica per 100 e per trasformarla nell'unità superiore la si divide per 100.	(scala: mm² — cm² — dm² — m² — dam² — hm² — km², :100 salendo, ×100 scendendo) **Esempi** • 32 dm² = (32 × 100) cm² = 3200 cm² • 400 dm² = (400 : 100) m² = 4 m²
Figure equivalenti	Due figure che hanno la **stessa area** si dicono **equivalenti**.	A B Il simbolo dell'equivalenza è $\doteq$ $A \doteq B$ si legge: "A è equivalente a B".

AREA DEI POLIGONI

	Definizioni e termini	Figure e simboli
Area del rettangolo	L'area di un rettangolo si ottiene moltiplicando la misura della base (*b*) per la misura dell'altezza (*h*): $$\mathcal{A} = b \times h$$	**Esempio** Se $b = 10$ cm e $h = 4$ cm, allora l'area del rettangolo è: $\mathcal{A} = (10 \times 4)$ cm² $= 40$ cm²
Area del quadrato	L'area di un quadrato si può ottenere in due modi: 1) elevando al quadrato la misura di un suo lato (*l*): $$\mathcal{A} = l^2$$ 2) elevando al quadrato la misura di una sua diagonale (*d*) e dividendo il prodotto per 2: $$\mathcal{A} = \frac{d^2}{2}$$	**Esempi** 1) Se $l = 5$ cm, allora l'area del quadrato è: $\mathcal{A} = 5^2$ cm² $= 25$ cm² 2) Se $d = 7,1$ cm (valore approssimato), allora l'area del quadrato è: $\mathcal{A} = (7,1^2 : 2)$ cm² $= (50,41 : 2)$ cm² $= 25$ cm² (troncato all'unità)
Area del parallelogramma	L'area di un qualsiasi parallelogramma si ottiene moltiplicando la misura della base (*b*) per la misura della relativa altezza (*h*): $$\mathcal{A} = b \times h$$	**Esempio** Se $b = 10$ cm e $h = 2,5$ cm, allora l'area del parallelogramma è: $\mathcal{A} = (10 \times 2,5)$ cm² $= 25$ cm²

AREA DEI POLIGONI

	Definizioni e termini	Figure e simboli
Area del rombo	L'area di un rombo si ottiene moltiplicando la misura delle due diagonali (d_1 e d_2) e dividendo il prodotto per 2: $$\mathcal{A} = \frac{d_1 \times d_2}{2}$$	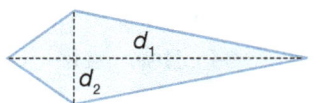 **Esempio** Se $d_1 = 8$ cm e $d_2 = 6$ cm, allora l'area del rombo è: $\mathcal{A} = (8 \times 6 : 2)$ cm^2 = $(48 : 2)$ cm^2 = $= 24$ cm^2
Area di un quadrilatero con diagonali perpendicolari	L'area di un qualsiasi quadrilatero con le diagonali perpendicolari si ottiene moltiplicando la misura delle due diagonali (d_1 e d_2) e dividendo il prodotto per 2: $$\mathcal{A} = \frac{d_1 \times d_2}{2}$$	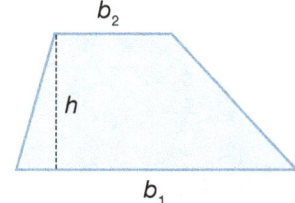 **Esempio** Se $d_1 = 10$ cm e $d_2 = 3,2$ cm, allora l'area del quadrilatero è: $\mathcal{A} = (10 \times 3,2 : 2)$ cm^2 = $(32 : 2)$ cm^2 = $= 16$ cm^2
Area del trapezio	L'area di un qualsiasi trapezio si ottiene moltiplicando la somma delle misure delle basi (b_1 e b_2) per la misura dell'altezza (h) e dividendo il prodotto per 2: $$\mathcal{A} = \frac{(b_1 + b_2) \times h}{2}$$	**Esempio** Se $b_1 = 10$ cm, $b_2 = 6$ cm, $h = 3$ cm, allora l'area del trapezio è: $\mathcal{A} = [(10 + 6) \times 3 : 2]$ cm^2 = $= (16 \times 3 : 2)$ cm^2 = $(48 : 2)$ cm^2 = $= 24$ cm^2

AREA DEI POLIGONI

	Definizioni e termini	Figure e simboli
Area del triangolo	L'area di un triangolo qualunque si ottiene moltiplicando la misura della base (*b*) per la misura della relativa altezza (*h*) e dividendo il prodotto per 2: $$\mathcal{A} = \frac{b \times h}{2}$$	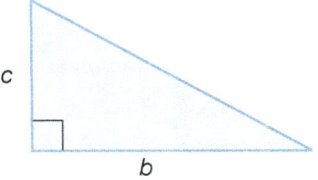 **Esempio** Se *b* = 15 cm e *h* = 8 cm, allora l'area del triangolo è: $\mathcal{A}$ = (15 × 8 : 2) cm² = (120 : 2) cm² = 60 cm²
Area del triangolo rettangolo	L'area di un triangolo rettangolo si ottiene moltiplicando le misure dei cateti (*b* e *c*) e dividendo il prodotto per 2: $$\mathcal{A} = \frac{b \times c}{2}$$	**Esempio** Se *b* = 12 cm e *c* = 5 cm, allora l'area del triangolo rettangolo è: $\mathcal{A}$ = (12 × 5 : 2) cm² = (60 : 2) cm² = 30 cm²

SCHEDA 22 — TEOREMA DI PITAGORA

	Definizioni e termini	Figure e simboli
Il teorema	Il **teorema di Pitagora** afferma che in ogni triangolo rettangolo l'area del quadrato costruito sull'ipotenusa è uguale alla somma delle aree dei quadrati costruiti sui cateti. Se la misura dell'ipotenusa è c e quelle dei due cateti sono b e a, allora il teorema si indica così: $$c^2 = b^2 + a^2$$ 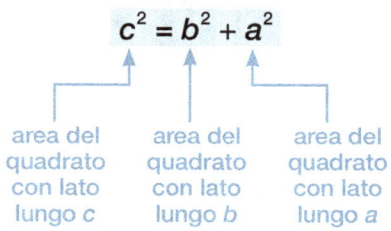 area del quadrato con lato lungo c — area del quadrato con lato lungo b — area del quadrato con lato lungo a	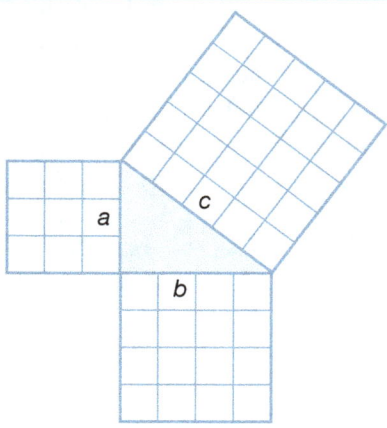 **Esempio** Se le misure dei lati di un triangolo sono $c = 5$ cm, $b = 4$ cm, $a = 3$ cm, allora il triangolo è rettangolo perché vale il teorema di Pitagora; infatti: $c^2 = 25$ cm^2 $b^2 + a^2 = 16$ cm^2 + 9 cm^2 = 25 cm^2
Misura della ipotenusa	La misura dell'ipotenusa (c) di un triangolo rettangolo è uguale alla radice quadrata della somma dei quadrati delle misure dei cateti (a e b): $$c = \sqrt{b^2 + a^2}$$	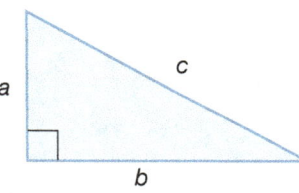 **Esempio** Se le misure dei cateti sono $a = 5$ cm e $b = 12$ cm, allora la misura dell'ipotenusa è: $c = \sqrt{12^2 + 5^2}$ cm = $\sqrt{144 + 25}$ cm = = $\sqrt{169}$ cm = 13 cm
Misura dei cateti	La misura di un cateto (a o b) di un triangolo rettangolo è uguale alla radice quadrata della differenza tra i quadrati delle misure dell'ipotenusa (c) e dell'altro cateto (b o a): $$a = \sqrt{c^2 - b^2}$$ $$b = \sqrt{c^2 - a^2}$$	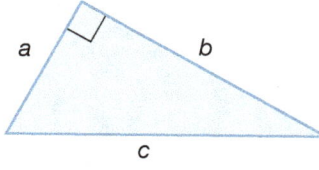 **Esempio** Se la misura dell'ipotenusa è $c = 10$ cm e quella di un cateto è $b = 8$ cm, allora la misura dell'altro cateto è: $a = \sqrt{10^2 - 8^2}$ cm = $\sqrt{100 - 64}$ cm = = $\sqrt{36}$ cm = 6 cm

TEOREMA DI PITAGORA

Definizioni e termini	Figure e simboli
Applicazioni — Il teorema di Pitagora si può applicare anche in una qualsiasi figura in cui è possibile osservare un triangolo rettangolo.	
Triangolo con angoli di 45°, 45°, 90° — Applicando il teorema di Pitagora a un triangolo rettangolo isoscele con angoli acuti di 45° si ricava che: misura ipotenusa = = misura cateto × $\sqrt{2}$ Per $\sqrt{2}$ si usa il valore 1,41.	**Esempio** Se la misura di un cateto è $b = 10$ cm, allora la misura c dell'ipotenusa è: $c = b \times \sqrt{2} = (10 \times 1{,}41)$ cm $= 14{,}1$ cm
Triangolo con angoli di 30°, 60°, 90° — Applicando il teorema di Pitagora a un triangolo rettangolo scaleno con angoli acuti di 30° e 60° si ricava che: misura cateto minore = = misura ipotenusa : 2 misura cateto maggiore = = misura ipotenusa : 2 × $\sqrt{3}$ Per $\sqrt{3}$ si usa il valore 1,73.	**Esempio** Se la misura dell'ipotenusa è $c = 10$ cm, allora la misura a del cateto minore è: $a = c : 2 = (10 : 2)$ cm $= 5$ cm la misura b del cateto maggiore è: $b = c : 2 \times \sqrt{3} = (10 : 2 \times 1{,}73)$ cm $= 8{,}65$ cm

SCHEDA 23 — CIRCONFERENZA E CERCHIO

	Definizioni e termini	Figure e simboli
Circonferenza e cerchio	• Una circonferenza è una linea formata da tutti i punti del piano che hanno la stessa distanza, detta **raggio**, da un punto fisso detto **centro**. • Un cerchio è la parte di piano limitata da una circonferenza.	Circonferenza Cerchio Il centro O è un punto che appartiene al cerchio ma non alla circonferenza.
Corde	Una corda è il segmento che unisce due punti di una circonferenza. Un **diametro** è una particolare corda che passa per il centro. La sua misura (d) è il doppio di quella del raggio (r): $d = 2 \times r$ Quindi la misura del raggio è la metà di quella del diametro: $r = d : 2$	AB è una corda, CD è un diametro. **Esempio** Se la misura del diametro è $d = 12$ cm, allora la misura del raggio è: $r = (12 : 2)$ cm $= 6$ cm
Archi	Un arco è una parte di circonferenza e i due punti che lo limitano si chiamano **estremi** dell'arco. Una **semicirconferenza** è un particolare arco che ha per estremi quelli di un diametro.	semicirconferenza Arco con estremi A e B. In simboli: $\widehat{AB}$

CIRCONFERENZA E CERCHIO

Definizioni e termini	Figure e simboli
Parti di un cerchio • Un **semicerchio** è la metà di un cerchio. • Un **settore circolare** è la parte di cerchio limitata da due raggi. • Un **segmento circolare a una base** è la parte di cerchio limitata da una corda. • Un **segmento circolare a due basi** è la parte di cerchio limitata da due corde parallele. • Una **corona circolare** è la parte di piano limitata da due circonferenze con lo stesso centro.	Semicerchio Settore circolare 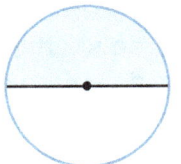 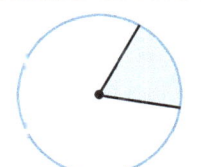 Segmento circolare a una base a due basi 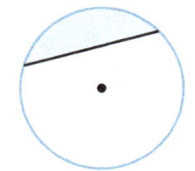 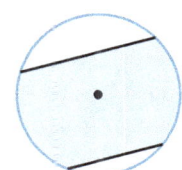 Corona circolare 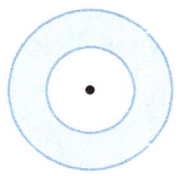
Circonferenza e retta Tracciando una retta e una circonferenza può accadere che: **1)** la retta non incontra la circonferenza e allora si dice che è **esterna** alla circonferenza; **2)** la retta incontra la circonferenza in due punti e allora si dice che è **secante** la circonferenza; **3)** la retta incontra la circonferenza in un solo punto e allora si dice che è **tangente** la circonferenza. Il punto in comune si chiama **punto di tangenza**.	**1)** La retta s è esterna. 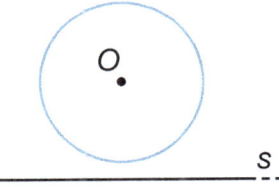 **2)** La retta s è secante in A e B. 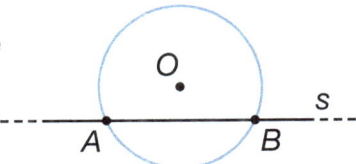 **3)** La retta s è tangente nel punto di tangenza A. 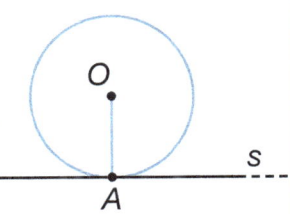 Il raggio OA è perpendicolare a s. In simboli: $OA \perp s$

CIRCONFERENZA E CERCHIO

	Definizioni e termini	Figure e simboli
Angolo al centro	Se si unisce il centro di una circonferenza con gli estremi di un arco si ottiene un angolo chiamato angolo al centro. Si dice allora che l'angolo al centro **insiste** sull'arco.	$A\hat{O}B$ è un angolo al centro con vertice nel centro O, lati AO e BO; esso insiste sull'arco $\overset{\frown}{AB}$.
Angolo alla circonferenza	Se si unisce un punto di una circonferenza con gli estremi di un arco si ottiene un angolo chiamato angolo alla circonferenza. Si dice allora che l'angolo alla circonferenza **insiste** sull'arco.	$A\hat{C}B$ è un angolo alla circonferenza con vertice in C, lati AC e BC; esso insiste sull'arco $\overset{\frown}{AB}$.
Proprietà	1) Un angolo alla circonferenza è la **metà** dell'angolo al centro che insiste sullo stesso arco.	1) $A\hat{C}B$ è la metà di $A\hat{O}B$. In simboli: $A\hat{C}B = \frac{1}{2} A\hat{O}B$ **Esempio** Se $A\hat{O}B = 96°$, allora $A\hat{C}B = 48°$.
	2) Tutti gli angoli alla circonferenza che insistono sullo stesso arco sono **congruenti**.	2) $A\hat{C}B$, $A\hat{D}B$ e $A\hat{E}B$ sono congruenti. In simboli: $A\hat{C}B = A\hat{D}B = A\hat{E}B$ **Esempio** Se $A\hat{C}B = 48°$, allora anche $A\hat{D}B = A\hat{E}B = 48°$.

CIRCONFERENZA E CERCHIO

	Definizioni e termini	Figure e simboli
Poligoni inscritti	Un poligono **inscritto in una circonferenza** ha tutti i suoi vertici sulla circonferenza. Il raggio della circonferenza si chiama **raggio del poligono**. • Un triangolo si può sempre inscrivere in una circonferenza. • Un quadrilatero si può inscrivere in una circonferenza solo se sono uguali le misure delle somme delle due coppie di angoli opposti.	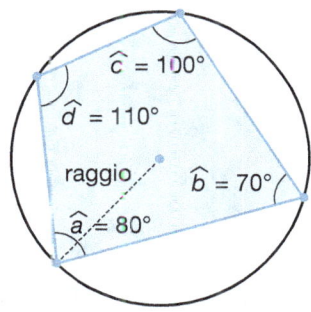 **Esempio** Il quadrilatero è inscritto nella circonferenza e risulta infatti che: $$\hat{a} + \hat{c} = \hat{b} + \hat{d}$$ $80° + 100° = 70° + 110°$
Poligoni circoscritti	Un poligono **circoscritto a una circonferenza** ha tutti i suoi lati tangenti alla circonferenza. Il raggio della circonferenza si chiama **apotema del poligono**. • Un triangolo si può sempre circoscrivere a una circonferenza. • Un quadrilatero si può circoscrivere a una circonferenza solo se sono uguali le misure delle somme delle due coppie di lati opposti.	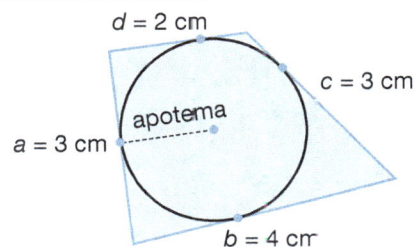 **Esempio** Il quadrilatero è circoscritto alla circonferenza e risulta infatti che: $$a + c = b + d$$ $3\ cm + 3\ cm = 4\ cm + 2\ cm$
Area di un poligono regolare	Per calcolare l'area di un poligono regolare è utile tracciare l'**apotema** che è la distanza del centro del poligono da un suo lato. L'area di un poligono regolare si ottiene moltiplicando il perimetro (2p) per la misura dell'apotema (a) e dividendo il prodotto per 2: $$\mathcal{A} = \frac{2p \times a}{2}$$	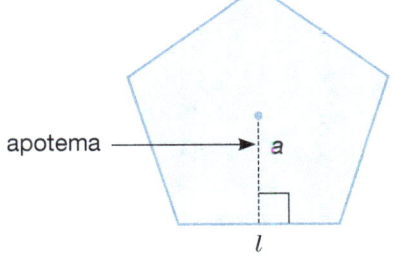 **Esempio** Se $l = 4$ cm e $a = 3,5$ cm, allora il perimetro del pentagono regolare è: $2p = (4 \times 5)$ cm $= 20$ cm e l'area è: $\mathcal{A} = (20 \times 3,5 : 2)$ cm^2 $= (70 : 2)$ cm^2 $= 35$ cm^2

SCHEDA 24 — FIGURE SIMILI

Definizioni e termini	Figure e simboli
Figure simili — Due figure che hanno la **stessa forma** si dicono simili. In due figure simili i rapporti tra le misure di segmenti corrispondenti sono uguali.	Il simbolo della similitudine è ~. $F' \sim F$ si legge "F' è simile a F". **Esempio** 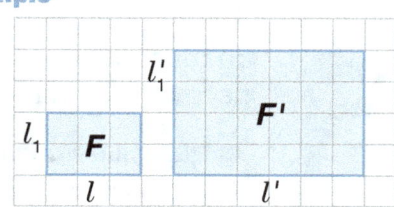 I rettangoli sono simili e infatti sono uguali i rapporti tra le misure dei lati corrispondenti: $$\frac{l'}{l} = \frac{6}{3} = 2 \qquad \frac{l'_1}{l_1} = \frac{4}{2} = 2$$
Proprietà — Se due poligoni sono simili allora: – le misure degli **angoli corrispondenti** sono **uguali**; – le misure dei **lati corrispondenti** sono **in proporzione**.	**Esempio** 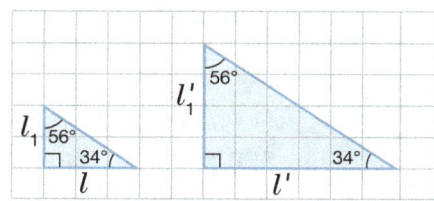 I triangoli sono simili e infatti hanno: – le misure degli angoli corrispondenti uguali; – le misure dei lati corrispondenti in proporzione: $$l' : l = l'_1 : l_1$$ $$6 : 3 = 4 : 2$$
Rapporto di similitudine — Il rapporto tra le misure (l' e l) di segmenti corrispondenti di due figure simili F' e F si chiama rapporto di similitudine e il suo valore si indica con k: $$\frac{l'}{l} = k$$ • Se F' è **ingrandita** rispetto a F, allora l' è maggiore di l e $k > 1$. • Se F' è **ridotta** rispetto a F, allora l' è minore di l e $k < 1$.	**Esempi** 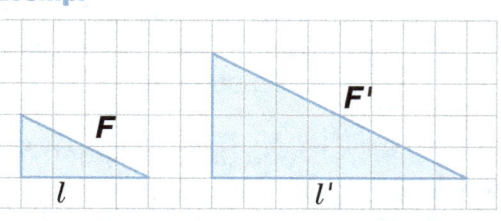 • F' è un ingrandimento di F con $k = 2$. 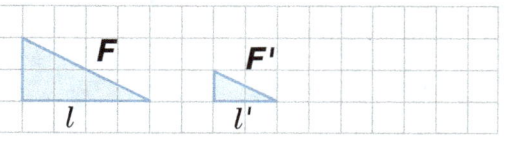 • F' è una riduzione di F con $k = \frac{1}{2}$.

FIGURE SIMILI

	Definizioni e termini	Figure e simboli
Perimetri di figure simili	Il rapporto tra i perimetri di due figure simili è uguale al rapporto di similitudine k: $$\frac{2p'}{2p} = k \quad \text{da cui} \quad 2p' = k \times 2p$$	**Esempio**  F' è simile a F con $k = 2$. Se il perimetro di F è 12 cm, allora il perimetro di F' è: $2p' = (2 \times 12)$ cm $= 24$ cm
Aree di figure simili	Il rapporto tra le aree di due figure simili è uguale al quadrato del rapporto di similitudine k: $$\frac{\mathcal{A}'}{\mathcal{A}} = k^2 \quad \text{da cui} \quad \mathcal{A}' = k^2 \times \mathcal{A}$$	**Esempio**  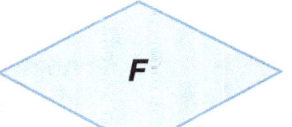 F' è simile a F con $k = 2$. Se l'area di F è 9 cm^2, allora l'area di F' è: $\mathcal{A}' = (2^2 \times 9)$ cm^2 $= 36$ cm^2
Primo teorema di Euclide	In un triangolo rettangolo la misura di un cateto (b o c) è media proporzionale tra le misure dell'ipotenusa (a) e della proiezione del cateto sull'ipotenusa (b_1 o c_1): $a : b = b : b_1 \qquad a : c = c : c_1$ ↑ ↑ ↑ ↑ medi (b) medi (c)	**Esempio** Se $b_1 = 16$ cm e $a = 25$ cm, allora per il primo teorema di Euclide: 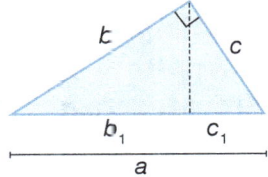 $25 : b = b : 16$ da cui: $b^2 = 25 \times 16 = 400$ La misura del cateto maggiore è: $b = \sqrt{400}$ cm $= 20$ cm
Secondo teorema di Euclide	In un triangolo rettangolo la misura dell'altezza relativa all'ipotenusa (h) è media proporzionale tra le misure delle proiezioni dei cateti sull'ipotenusa (b_1 e c_1). $b_1 : h = h : c_1$ ↑ ↑ medi (h)	**Esempio** Se $b_1 = 16$ cm e $c_1 = 9$ cm, allora per il secondo teorema di Euclide: 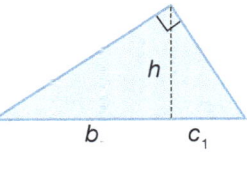 $16 : h = h : 9$ da cui: $h^2 = 16 \times 9 = 144$ La misura dell'altezza relativa all'ipotenusa è: $h = \sqrt{144}$ cm $= 12$ cm

SCHEDA 25 MISURA DI CIRCONFERENZA E CERCHIO

	Definizioni e termini	Figure e simboli
Il numero pi greco	Il rapporto tra la misura di una circonferenza (C) e quella del suo diametro (d) è costante, cioè è un numero che non cambia mai e si indica con la lettera: π (pi greco) Pi greco ha infinite cifre decimali che non si ripetono mai: 3,141592… quindi nei calcoli o lo si lascia indicato o lo si approssima al valore **3,14**.	$\dfrac{C_1}{d_1} = \dfrac{C_2}{d_2} = \dfrac{C_3}{d_3} = \pi$
Misura della circonferenza	La misura di una circonferenza si ottiene: – moltiplicando la misura del diametro (d) per π: $C = d \times \pi$ oppure: – moltiplicando il doppio della misura del raggio (r) per π: $C = 2 \times r \times \pi$	**Esempio** Se $r = 4$ cm, allora la misura della circonferenza è: $C = (2 \times 4 \times \pi)$ cm $= 8\pi$ cm o, approssimando: $C = (8 \times 3{,}14)$ cm $= 25{,}12$ cm
Misura di un arco	A ogni arco corrisponde un angolo al centro con misura $\alpha°$. La misura l di un arco si può trovare conoscendo l'ampiezza $\alpha°$ e la misura C della circonferenza con questa formula: $l = \dfrac{C \times \alpha°}{360°}$	**Esempio** Se $\alpha° = 60°$ e $C = 12\pi$ cm, allora la misura l dell'arco è: $l = \dfrac{12\pi \times 60}{360}$ cm $= \dfrac{\overset{2}{\cancel{12}}\pi \times \cancel{60}^{1}}{\cancel{360}_{\cancel{6}_1}} = 2\pi$ cm o, approssimando: $l = (2 \times 3{,}14)$ cm $= 6{,}28$ cm

MISURA DI CIRCONFERENZA E CERCHIO

Definizioni e termini	Figure e simboli
Area del cerchio — L'area di un cerchio si ottiene moltiplicando il quadrato della misura del raggio (r) per π: $$\mathcal{A} = r^2 \times \pi$$	**Esempio** Se $r = 10$ cm, allora l'area del cerchio è: $\mathcal{A} = (10^2 \times \pi)$ cm² $= 100\pi$ cm² o, approssimando: $\mathcal{A} = (100 \times 3{,}14)$ cm² $= 314$ cm²
Area di un settore circolare — Ogni settore circolare è limitato da un arco e da un angolo al centro con misura $\alpha°$. L'area $\mathcal{A}_s$ di un settore si può trovare conoscendo la misura l dell'arco e quella r del raggio con questa formula: $$\mathcal{A}_s = \frac{l \times r}{2}$$ Oppure si può trovare conoscendo l'ampiezza $\alpha°$ e l'area $\mathcal{A}$ del cerchio con questa formula: $$\mathcal{A}_s = \frac{\mathcal{A} \times \alpha°}{360°}$$	**Esempio** Se $l = 2\pi$ cm, $r = 6$ cm, allora l'area del settore circolare è: 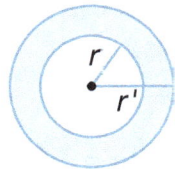 o, approssimando: $\mathcal{A}_s = (6 \times 3{,}14)$ cm² $= 18{,}84$ cm². **Esempio** Se $\mathcal{A} = 36\pi$ cm², $\alpha° = 60°$, allora l'area del settore circolare è: $\mathcal{A}_s = \frac{\overset{1}{36}\pi \times \overset{6}{60}}{\underset{10\ 1}{360}}$ cm² $= 6\pi$ cm² o, approssimando, $18{,}84$ cm².
Area di una corona circolare — L'area di una corona circolare si indica con $\mathcal{A}_{cor}$. Si ottiene sottraendo all'area del cerchio maggiore quella del cerchio minore: 	**Esempio** Se $r' = 6$ cm, $r = 4$ cm, allora l'area della corona circolare è: $\mathcal{A}_{cor} = (6^2 \times \pi - 4^2 \times \pi)$ cm² $= 20\pi$ cm² o, approssimando: $\mathcal{A}_{cor} = (20 \times 3{,}14)$ cm² $= 62{,}8$ cm²

SCHEDA 26 — SOLIDI E MISURE

Definizioni e termini	Figure e simboli
Poliedro — Un poliedro è un solido limitato da poligoni chiamati **facce**. Gli **spigoli** del poliedro sono i lati delle facce. I **vertici** del poliedro sono i vertici delle facce.	spigolo, faccia, vertice
Prisma — Un prisma è un particolare poliedro con **due basi** che sono due facce congruenti poste su piani paralleli. Le altre facce si chiamano **facce laterali**. L'**altezza** è la distanza tra i piani delle basi.	spigolo di base, base, α, spigolo laterale, base, β, altezza, faccia laterale
Prisma retto — Un prisma retto è un particolare prisma che ha gli spigoli laterali perpendicolari alle basi. Le facce laterali di un prisma retto sono dei rettangoli. L'altezza è uno spigolo laterale.	
Prisma regolare — Un prisma regolare è un particolare prisma retto cha ha per basi due poligoni regolari. Le facce laterali di un prisma regolare sono rettangoli congruenti.	esagono regolare, triangolo equilatero **Esempio** Se un prisma è regolare triangolare, allora le tre facce laterali F_1, F_2, F_3 sono rettangoli e $F_1 = F_2 = F_3$.

SOLIDI E MISURE

	Definizioni e termini	Figure e simboli
Piramide	Una piramide è un particolare poliedro che ha **una base** e le facce laterali triangolari tutte con un vertice comune chiamato **vertice** della piramide. L'**altezza** è la distanza del vertice dal piano della base.	spigolo laterale, vertice, spigolo di base, altezza, piede dell'altezza, base, faccia laterale
Piramide retta	Una piramide è retta se nella sua base si può inscrivere una circonferenza il cui centro coincide con il piede dell'altezza.	Il piede dell'altezza H coincide con il centro della circonferenza inscritta nella base.
Piramide regolare	Una piramide regolare è una particolare piramide retta che ha per base un poligono regolare. La facce laterali di una piramide retta sono triangoli isosceli congruenti.	triangolo equilatero, pentagono regolare **Esempio** Se una piramide è regolare triangolare, allora le tre facce laterali F_1, F_2, F_3 sono triangoli isosceli e $F_1 = F_2 = F_3$.
Solidi di rotazione	I principali solidi di rotazione sono: • il **cilindro retto**, che si ottiene ruotando di 360° un rettangolo intorno a un suo lato; • il **cono retto**, che si ottiene ruotando di 360° un triangolo rettangolo intorno a un suo cateto; • la **sfera**, che si ottiene ruotando di 360° un semicerchio intorno al suo diametro.	cilindro retto, cono retto, sfera

SOLIDI E MISURE

Definizioni e termini	Figure e simboli
Volume — La misura dello spazio occupato da un solido si chiama **volume**. Il volume si indica con la lettera $\mathcal{V}$.	**Esempio** **A** Se ogni cubetto è 1 cm³. allora il volume di **A** è: $\mathcal{V}$ = 3 cm³.
Misura — L'unità di misura fondamentale del volume è il **metro cubo (m³)**. **Unità superiori al metro cubo:** • decametro cubo (dam³) • ettometro cubo (hm³) • chilometro cubo (km³) **Unità inferiori al metro cubo:** • decimetro cubo (dm³) • centimetro cubo (cm³) • millimetro cubo (mm³) Data un'unità, per trasformarla nell'unità inferiore la si moltiplica per 1000 e per trasformarla nell'unità superiore la si divide per 1000.	(scala: mm³ — cm³ — dm³ — m³ — dam³ — hm³ — km³, ogni gradino 1000; : 1000 salendo, × 1000 scendendo) **Esempi** • 5 dm³ = (5 × 1000) cm³ = 5000 cm³ • 2000 dm³ = (2000 : 1000) m³ = 2 m³
Solidi equivalenti — Due solidi che hanno la **stesso volume** si dicono **equivalenti**.	**Esempio** **A** **B** Se ogni cubetto è 1 cm³, allora il volume sia di **A** che di **B** è 3 cm³ e quindi **A** e **B** sono equivalenti.

79

SOLIDI E MISURE

	Definizioni e termini	Figure e simboli
Massa e Peso	L'unità di misura fondamentale della massa, comunemente detta peso, è il **grammo (g)**. **Unità superiori al grammo:** • decagrammo (dag) • ettogrammo (hg) • chilogrammo (kg) **Unità inferiori al grammo:** • decigrammo (dg) • centigrammo (cg) • milligrammo (mg) Data un'unità, per trasformarla nell'unità inferiore la si moltiplica per 10 e per trasformarla nell'unità superiore la si divide per 10.	Scala: mg — cg — dg — g — dag — hg — kg (×10 / :10) **Esempi** • 3 hg = (3 × 10 × 10) g = 300 g • 15 hg = (15 : 10) kg = 1,5 kg
Peso specifico	Il rapporto tra il peso (P) di un oggetto fatto di una certa sostanza e il suo volume (V) si chiama peso specifico della sostanza e si indica con **ps**. Quindi: $$ps = \frac{P}{V}$$	<table><tr><th>Peso</th><th>Volume</th><th>Unità ps</th></tr><tr><td>g</td><td>cm³</td><td>g/cm³</td></tr><tr><td>kg</td><td>dm³</td><td>kg/dm³</td></tr></table> **Esempio** Se un oggetto di acciaio pesa 78 kg e il suo volume è 10 dm³, allora il peso specifico dell'acciaio è: $$ps = \frac{78 \text{ kg}}{10 \text{ dm}^3} = 7,8 \text{ kg/dm}^3$$ che si legge: "7,8 chilogrammi per decimetro cubo".
Capacità	L'unità di misura fondamentale della capacità è il **litro (l)**. **Unità superiori al litro:** • decalitro (dal) • ettolitro (hl) **Unità inferiori al litro:** • decilitro (dl) • centilitro (cl) • millilitro (ml) Data un'unità, per trasformarla nell'unità inferiore la si moltiplica per 10 e per trasformarla nell'unità superiore la si divide per 10.	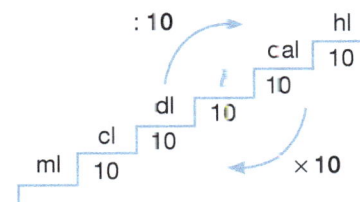 **Esempi** • 1,5 hl = (1,5 × 10 × 10) l = 150 l • 12 dl = (12 : 10) l = 1,2 l

SCHEDA 27 — POLIEDRI

Definizioni e termini	Figure e simboli
Parallelepipedo rettangolo Un parallelepipedo rettangolo è un prisma retto con tutte le facce rettangolari. Le **basi** sono due facce opposte. Le **dimensioni** sono tre spigoli con un vertice in comune. Una **diagonale** è il segmento che unisce due vertici che non sono di una stessa faccia. • **Area della superficie laterale** Si ottiene moltiplicando il perimetro di base (2p) per la misura dell'altezza (c): $$\mathcal{A}_l = 2p \times c$$ • **Volume** Si ottiene moltiplicando tra loro le misure delle tre dimensioni (a, b, c): $$\mathcal{V} = a \times b \times c$$ • **Misura di una diagonale** La misura di una diagonale (d) è: $$d = \sqrt{a^2 + b^2 + c^2}$$	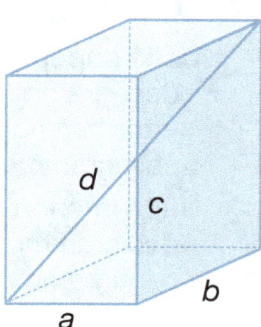 **Esempio** Se $a = 3$ cm, $b = 4$ cm, $c = 12$ cm, allora: $2p = (3 + 3 + 4 + 4)$ cm $= 14$ cm $\mathcal{A}_l = (14 \times 12)$ cm$^2 = 168$ cm^2 $\mathcal{V} = (3 \times 4 \times 12)$ cm$^3 = 144$ cm^3 $d = \sqrt{3^2 + 4^2 + 12^2}$ cm $=$ $= \sqrt{9 + 16 + 144}$ cm $=$ $= \sqrt{169}$ cm $= 13$ cm
Cubo Un cubo è un particolare parallelepipedo rettangolo con le dimensioni congruenti. Uno **spigolo** è un lato di una delle 6 facce. • **Area della superficie laterale e totale** Si ottiene moltiplicando per 4 o per 6 l'area di una faccia (l^2): $$\mathcal{A}_l = 4 \times l^2 \qquad \mathcal{A}_t = 6 \times l^2$$ • **Volume** Si ottiene elevando alla terza la misura di uno spigolo (l): $$\mathcal{V} = l^3$$ • **Misura di una diagonale** La misura di una diagonale (d) è: $$d = l \times \sqrt{3} \quad (\sqrt{3} = 1{,}73)$$	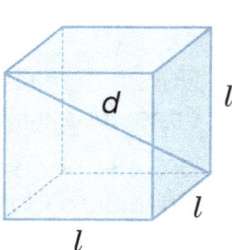 **Esempio** Se $l = 4$ cm, allora: $\mathcal{A}_t = (6 \times 4^2)$ cm$^2 = (6 \times 16)$ cm$^2 =$ $= 96$ cm^2 $\mathcal{V} = 4^3$ cm$^3 = 64$ cm^3 $d = (4 \times \sqrt{3})$ cm $= (4 \times 1{,}73)$ cm $=$ $= 6{,}92$ cm

POLIEDRI

Definizioni e termini	Figure e simboli
Prisma retto — In un prisma retto le **basi** sono i due poligoni posti su piani paralleli. L'**altezza** è uno spigolo laterale. • **Area della superficie laterale** Si ottiene moltiplicando il perimetro di base (2p) per la misura dell'altezza (h): $$\mathcal{A}_l = 2p \times h$$ • **Volume** Si ottiene moltiplicando l'area di base ($\mathcal{A}_b$) per la misura dell'altezza (h): $$\mathcal{V} = \mathcal{A}_b \times h$$	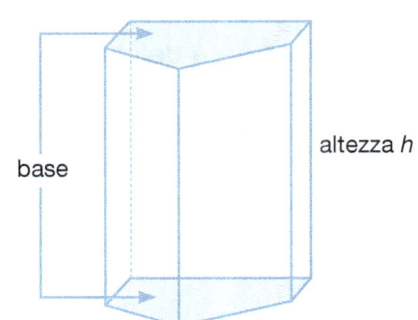 **Esempio** Se $h = 20$ cm, $2p = 15$ cm, $\mathcal{A}_b = 12$ cm², allora: $\mathcal{A}_l = (15 \times 20)$ cm² $= 300$ cm² $\mathcal{V} = (12 \times 20)$ cm³ $= 240$ cm³
Piramide retta — In una piramide retta l'**altezza** è la distanza dal vertice alla base. L'**apotema** è l'altezza di ogni faccia. • **Area della superficie laterale** Si ottiene moltiplicando il perimetro di base (2p) per la misura dell'apotema (a) e dividendo il prodotto per 2: $$\mathcal{A}_l = \frac{2p \times a}{2}$$ • **Volume** Si ottiene moltiplicando l'area della base ($\mathcal{A}_b$) per la misura dell'altezza (h) e dividendo il prodotto per 3: $$\mathcal{V} = \frac{\mathcal{A}_b \times h}{3}$$	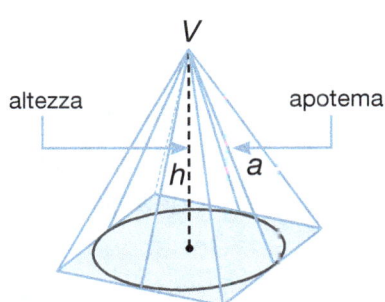 **Esempio** Se $2p = 24$ cm, $\mathcal{A}_b = 36$ cm², $a = 5$ cm, $h = 4$ cm, allora: $\mathcal{A}_l = \dfrac{\overset{12}{\cancel{24}} \times 5}{\cancel{2}_1}$ cm² $= 60$ cm² $\mathcal{V} = \dfrac{\overset{12}{\cancel{36}} \times 4}{\cancel{3}_1}$ cm³ $= 48$ cm³

POLIEDRI

Definizioni e termini	Figure e simboli
Tronco di piramide retta Si ottiene tagliando una piramide retta con un piano parallelo alla base. • **Area della superficie laterale** Si trova conoscendo i perimetri di base ($2p$ maggiore di $2p'$) e la misura dell'apotema (a) con la formula: $$\mathcal{A}_l = \frac{(2p + 2p') \times a}{2}$$ • **Volume** Si trova conoscendo le aree delle basi ($\mathcal{A}_{b_2}$ maggiore di $\mathcal{A}_{b_1}$) e la misura dell'altezza (h) con la formula: $$\mathcal{V} = \frac{(\mathcal{A}_{b_2} + \mathcal{A}_{b_1} + \sqrt{\mathcal{A}_{b_2} \times \mathcal{A}_{b_1}}) \times h}{3}$$	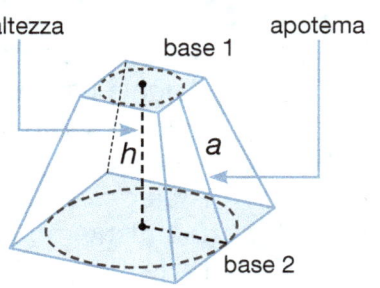 **Esempio** Se $2p = 40$ cm, $2p' = 8$ cm, $\mathcal{A}_{b_2} = 100$ cm^2, $\mathcal{A}_{b_1} = 4$ cm^2, $a = 5$ cm, $h = 3$ cm, allora: $\mathcal{A}_l = \frac{(40 + 8) \times 5}{2}$ cm^2 = 120 cm^2 $\mathcal{V} = \frac{(100 + 4 + \sqrt{100 \times 4}) \times 3}{3}$ cm^3 = $= \frac{(100 + 4 + \sqrt{400}) \times \cancel{3}^1}{\cancel{3}_1}$ cm^3 = $= 124$ cm^3
Poliedri regolari Un poliedro regolare ha tutte le facce che sono poligoni regolari congruenti. Gli spigoli sono tutti congruenti. I poliedri regolari sono di cinque tipi: 1. **Tetraedro regolare**: ha 4 facce. 2. **Cubo**: ha 6 facce. 3. **Ottaedro regolare**: ha 8 facce. 4. **Dodecaedro regolare**: ha 12 facce. 5. **Icosaedro regolare**: ha 20 facce. • **Area della superficie totale** Si ottiene moltiplicando l'area di una faccia ($\mathcal{A}_f$) per il numero delle facce (n): $$\mathcal{A}_t = \mathcal{A}_f \times n$$ • **Volume** Si ottiene moltiplicando il cubo della misura di uno spigolo (l) per una costante (M) che dipende dal tipo di poliedro. $$\mathcal{V} = M \times l^3$$	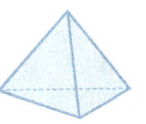 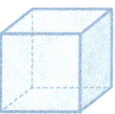 tetraedro regolare cubo M = 0,117 M = 1  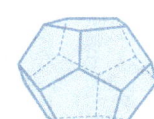 ottaedro regolare dodecaedro regolare M = 0,471 M = 7,663  icosaedro regolare M = 2,181 **Esempio** Se in un ottaedro regolare che ha 8 facce, $l = 10$ cm, $\mathcal{A}_f = 43,3$ cm^2, allora: $\mathcal{A}_t = (43,3 \times 8)$ cm^2 = 346,4 cm^2 $\mathcal{V} = (0,471 \times 10^3)$ cm^3 = 471 cm^3

SCHEDA 28 — SOLIDI DI ROTAZIONE

	Definizioni e termini	Figure e simboli
Cilindro	Le **basi** di un cilindro sono due cerchi congruenti. L'**altezza** è la distanza tra i piani delle basi. Il **raggio** è il raggio di una delle basi. • **Area della superficie laterale** Si ottiene moltiplicando la misura della circonferenza di base ($C = 2\pi \times r$) per la misura dell'altezza (h): $$\mathcal{A}_l = C \times h = 2\pi \times r \times h$$ • **Volume** Si ottiene moltiplicando l'area di base ($\mathcal{A}_b = \pi \times r^2$) per la misura dell'altezza (h): $$\mathcal{V} = \mathcal{A}_b \times h = \pi \times r^2 \times h$$	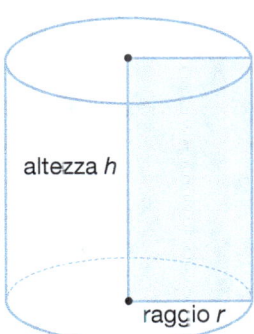 altezza h — raggio r **Esempio** Se $r = 5$ cm, $h = 8$ cm, allora: $\mathcal{A}_l = (5 \times 8 \times 2\pi)$ cm² $= 80\pi$ cm² $\mathcal{V} = (\pi \times 5^2 \times 8)$ cm³ $= 200\pi$ cm³
Cilindro equilatero	Un **cilindro equilatero** è un particolare cilindro che ha la misura del diametro uguale a quella dell'altezza. Le misure di un cilindro equilatero si possono trovare conoscendo solo la misura r del raggio. • **Area della superficie laterale e totale** $$\mathcal{A}_l = 4\pi \times r^2 \qquad \mathcal{A}_t = 6\pi \times r^2$$ • **Volume** $$\mathcal{V} = 2\pi \times r^3$$	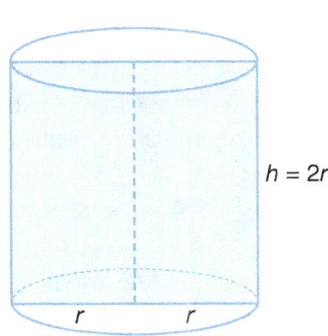 $h = 2r$ **Esempio** Se $r = 5$ cm, allora: $\mathcal{A}_t = (6\pi \times 5^2)$ cm² $= 150\pi$ cm² $\mathcal{V} = (2\pi \times 5^3)$ cm³ $= 250\pi$ cm³

SOLIDI DI ROTAZIONE

	Definizioni e termini	Figure e simboli
Cono	L'**altezza** è la distanza tra il vertice e il piano della base. L'**apotema** è la distanza tra il vertice e la circonferenza di base. Il **raggio** è il raggio della base. • **Area della superficie laterale** Si ottiene moltiplicando la misura della circonferenza di base ($C = 2\pi \times r$) per la misura dell'apotema (a) e dividendo il prodotto per 2: $$\mathcal{A}_l = \frac{C \times a}{2} = \frac{2\pi \times r \times a}{2}$$ • **Volume** Si ottiene moltiplicando l'area di base ($\mathcal{A}_b = \pi \times r^2$) per la misura dell'altezza (h) e dividendo il prodotto per 3: $$\mathcal{V} = \frac{\mathcal{A}_b \times h}{3} = \frac{\pi \times r^2 \times h}{3}$$	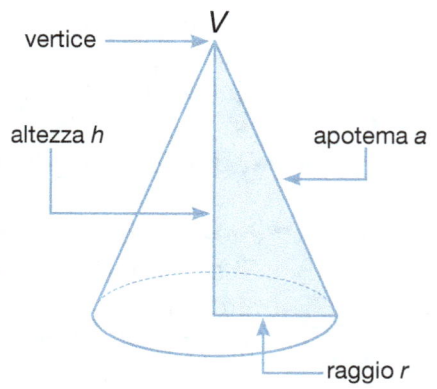 **Esempio** Se $r = 6$ cm, $h = 8$ cm, $a = 10$ cm, allora: $$\mathcal{A}_l = \frac{\overset{1}{\cancel{2}}\pi \times 6 \times 10}{\cancel{2}_1} \text{ cm}^2 = 60\pi \text{ cm}^2$$ $$\mathcal{V} = \frac{\pi \times \overset{12}{\cancel{36}} \times 8}{\cancel{3}_1} \text{ cm}^3 = 96\pi \text{ cm}^3$$
Cono equilatero	Un cono equilatero è un particolare cono che ha la misura del diametro uguale a quella dell'apotema. Le misure di un cono equilatero si possono trovare conoscendo solo la misura r del raggio. • **Area della superficie laterale e totale** $\mathcal{A}_l = 2\pi \times r^2 \qquad \mathcal{A}_t = 3\pi \times r^2$ • **Volume** $$\mathcal{V} = \frac{\pi \times \sqrt{3} \times r^3}{3} \quad (\sqrt{3} = 1{,}73)$$	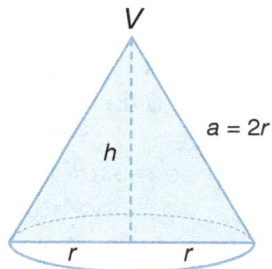 **Esempio** Se $r = 3$ cm, allora: $\mathcal{A}_t = (3\pi \times 3^2) \text{ cm}^2 = 27\pi \text{ cm}^2$ $$\mathcal{V} = \frac{\pi \times \sqrt{3} \times 3^3}{3} \text{ cm}^3 =$$ $$= \frac{\pi \times \sqrt{3} \times \overset{9}{\cancel{27}}}{\cancel{3}_1} \text{ cm}^3 =$$ $= (\pi \times 1{,}73 \times 9) \text{ cm}^3 = 15{,}57\pi \text{ cm}^3$

SOLIDI DI ROTAZIONE

Definizioni e termini	Figure e simboli
Tronco di cono — Si ottiene tagliando un cono con un piano parallelo a la base. • **Area della superficie laterale** Si trova conoscendo le misure dei raggi delle basi (r maggiore di r') e la misura dell'apotema (a) con la formula: $$\mathcal{A}_l = \pi \times (r + r') \times a$$ • **Volume** Si trova conoscendo le misure dei raggi delle basi (r e r') e la misura dell'altezza (h) con la formula: $$\mathcal{V} = \frac{\pi \times (r^2 + r'^2 + r \times r') \times h}{3}$$	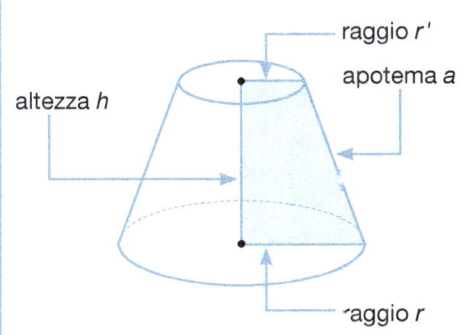 **Esempio** Se $r = 6$ cm, $r' = 3$ cm, $h = 4$ cm, $a = 5$ cm, allora: $\mathcal{A}_l = [\pi \times (6 + 3) \times 5]$ cm² $= 45\pi$ cm² $\mathcal{V} = \frac{\pi \times (6^2 + 3^2 + 6 \times 3) \times 4}{3}$ cm³ $=$ $= \frac{\pi \times (36 + 9 + 18) \times 4}{3} = 84\pi$ cm³
Sfera — Il **raggio** di una sfera è la distanza dal centro della sfera a un punto della **superficie sferica**. • **Area della superficie sferica** Si ottiene moltiplicando il quadrato della misura del raggio (r^2) per 4π: $$\mathcal{A}_s = 4\pi \times r^2$$ • **Volume** Si ottiene moltiplicando il cubo della misura del raggio (r^3) per $\frac{4}{3}\pi$: $$\mathcal{V} = \frac{4}{3}\pi \times r^3$$	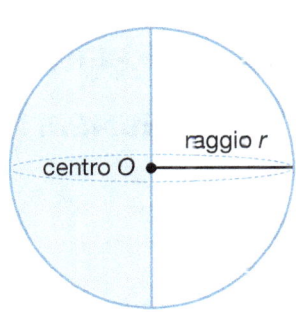 **Esempio** Se $r = 3$ cm, allora: $\mathcal{A}_s = (4 \times \pi \times 3^2)$ cm² $= 36\pi$ cm² $\mathcal{V} = \left(\frac{4}{3} \times \pi \times 3^3\right)$ cm³ $=$ $= \left(\frac{4}{\cancel{3}_1} \times \pi \times \cancel{27}^9\right)$ cm³ $= 36\pi$ cm³

FORMULARIO

- **TAVOLA DEI MULTIPLI DEI NUMERI DA 0 A 20**
- **TAVOLA DELLA SCOMPOSIZIONE IN FATTORI PRIMI DEI NUMERI DA 2 A 100**
- **FORMULARIO PER IL CALCOLO DEL PERIMETRO DEI POLIGONI**
- **FORMULARIO PER IL CALCOLO DELL'AREA DEI POLIGONI**
- **SISTEMA DI MISURA DECIMALE**
- **FORMULARIO PER IL CALCOLO DI VOLUMI E AREE DEI SOLIDI**
- **TAVOLA DEI NUMERI FISSI**

FORMULARIO

MULTIPLI E SCOMPOSIZIONI

■ TAVOLA DEI MULTIPLI DEI NUMERI DA 0 A 20

×	0	1	2	3	4	5	6	7	8	9	10	11	12	13	14	15	16	17	18	19	20
0	0	0	0	0	0	0	0	0	0	0	0	0	0	0	0	0	0	0	0	0	0
1	0	1	2	3	4	5	6	7	8	9	10	11	12	13	14	15	16	17	18	19	20
2	0	2	4	6	8	10	12	14	16	18	20	22	24	26	28	30	32	34	36	38	40
3	0	3	6	9	12	15	18	21	24	27	30	33	36	39	42	45	48	51	54	57	60
4	0	4	8	12	16	20	24	28	32	36	40	44	48	52	56	60	64	68	72	76	80
5	0	5	10	15	20	25	30	35	40	45	50	55	60	65	70	75	80	85	90	95	100
6	0	6	12	18	24	30	36	42	48	54	60	66	72	78	84	90	96	102	108	114	120
7	0	7	14	21	28	35	42	49	56	63	70	77	84	91	98	105	112	119	126	133	140
8	0	8	16	24	32	40	48	56	64	72	80	88	96	104	112	120	128	136	144	152	160
9	0	9	18	27	36	45	54	63	72	81	90	99	108	117	126	135	144	153	162	171	180
10	0	10	20	30	40	50	60	70	80	90	100	110	120	130	140	150	160	170	180	190	200
11	0	11	22	33	44	55	66	77	88	99	110	121	132	143	154	165	176	187	198	209	220
12	0	12	24	36	48	60	72	84	96	108	120	132	144	156	168	180	192	204	216	228	240
13	0	13	26	39	52	65	78	91	104	117	130	143	156	169	182	195	208	221	234	247	260
14	0	14	28	42	56	70	84	98	112	126	140	154	168	182	196	210	224	238	252	266	280
15	0	15	30	45	60	75	90	105	120	135	150	165	180	195	210	225	240	255	270	285	300
16	0	16	32	48	64	80	96	112	128	144	160	176	192	208	224	240	256	272	288	304	320
17	0	17	34	51	68	85	102	119	136	153	170	187	204	221	238	255	272	289	306	323	340
18	0	18	36	54	72	90	108	126	144	162	180	198	216	234	252	270	288	306	324	342	360
19	0	19	38	57	76	95	114	133	152	171	190	209	228	247	266	285	304	323	342	361	380
20	0	20	40	60	80	100	120	140	160	180	200	220	240	260	280	300	320	340	360	380	400

MULTIPLI E SCOMPOSIZIONI

TAVOLA DELLA SCOMPOSIZIONE IN FATTORI PRIMI DEI NUMERI DA 2 A 100

Numero	Scomposizione in fattori primi	Numero	Scomposizione in fattori primi	Numero	Scomposizione in fattori primi
2	numero primo	35	5×7	68	$2^2 \times 17$
3	numero primo	36	$2^2 \times 3^2$	69	3×23
4	2^2	37	numero primo	70	$2 \times 5 \times 7$
5	numero primo	38	2×19	71	numero primo
6	2×3	39	3×13	72	$2^3 \times 3^2$
7	numero primo	40	$2^3 \times 5$	73	numero primo
8	2^3	41	numero primo	74	2×37
9	3^2	42	$2 \times 3 \times 7$	75	3×5^2
10	2×5	43	numero primo	76	$2^2 \times 19$
11	numero primo	44	$2^2 \times 11$	77	7×11
12	$2^2 \times 3$	45	$3^2 \times 5$	78	$2 \times 3 \times 13$
13	numero primo	46	2×23	79	numero primo
14	2×7	47	numero primo	80	$2^4 \times 5$
15	3×5	48	$2^4 \times 3$	81	3^4
16	2^4	49	7^2	82	2×41
17	numero primo	50	2×5^2	83	numero primo
18	2×3^2	51	3×17	84	$2^2 \times 3 \times 7$
19	numero primo	52	$2^2 \times 13$	85	5×17
20	$2^2 \times 5$	53	numero primo	86	2×43
21	3×7	54	2×3^3	87	numero primo
22	2×11	55	5×11	88	$2^3 \times 11$
23	numero primo	56	$2^3 \times 7$	89	numero primo
24	$2^3 \times 3$	57	3×19	90	$2 \times 3^2 \times 5$
25	5^2	58	2×29	91	7×13
26	2×13	59	numero primo	92	$2^2 \times 23$
27	3^3	60	$2^2 \times 3 \times 5$	93	3×31
28	$2^2 \times 7$	61	numero primo	94	2×47
29	numero primo	62	2×31	95	5×19
30	$2 \times 3 \times 5$	63	$3^2 \times 7$	96	$2^5 \times 3$
31	numero primo	64	2^5	97	numero primo
32	2^5	65	5×13	98	2×7^2
33	3×11	66	$2 \times 3 \times 11$	99	$3^2 \times 11$
34	2×17	67	numero primo	100	$2^2 \times 5^2$

FORMULARIO

PERIMETRO DEI POLIGONI

Poligono		Perimetro dei poligoni	
		Formule dirette	Formule inverse
Triangolo isoscele	l, b	$2p = l \times 2 + b$	$l = (2p - b) : 2$ $b = 2p - l \times 2$
Triangolo equilatero	l	$2p = l \times 3$	$l = 2p : 3$
Trapezio isoscele	b_1, l, b_2	$2p = b_1 + b_2 + l \times 2$	$l = (2p - b_1 - b_2) : 2$ $b_1 + b_2 = 2p - l \times 2$
Parallelogramma	l, b	$2p = (b + l) \times 2$	$b + l = 2p : 2$
Rettangolo	h, b	$2p = (b + h) \times 2$	$b + h = 2p : 2$
Rombo	l	$2p = l \times 4$	$l = 2p : 4$
Quadrato	l	$2p = l \times 4$	$l = 2p : 4$
Poligono regolare	l	$2p = l \times n$ (n è il numero dei lati)	$l = 2p : n$

FORMULARIO

AREA DEI POLIGONI

Poligono		Area dei poligoni	
		Formule dirette	Formule inverse
Rettangolo		$\mathcal{A} = b \times h$	$h = \dfrac{\mathcal{A}}{b} \qquad b = \dfrac{\mathcal{A}}{h}$
Quadrato		$\mathcal{A} = l^2$ $\mathcal{A} = \dfrac{d^2}{2}$	$l = \sqrt{\mathcal{A}}$ $d = \sqrt{2 \times \mathcal{A}}$
Parallelogramma		$\mathcal{A} = b \times h$	$h = \dfrac{\mathcal{A}}{b} \qquad b = \dfrac{\mathcal{A}}{h}$
Rombo		$\mathcal{A} = \dfrac{d_1 \times d_2}{2}$	$d_1 = \dfrac{2 \times \mathcal{A}}{d_2} \qquad d_2 = \dfrac{2 \times \mathcal{A}}{d_1}$
Quadrilatero con diagonali perpendicolari		$\mathcal{A} = \dfrac{d_1 \times d_2}{2}$	$d_1 = \dfrac{2 \times \mathcal{A}}{d_2} \qquad d_2 = \dfrac{2 \times \mathcal{A}}{d_1}$
Trapezio		$\mathcal{A} = \dfrac{(b_1 + b_2) \times h}{2}$	$b_1 + b_2 = \dfrac{2 \times \mathcal{A}}{h}$ $h = \dfrac{2 \times \mathcal{A}}{b_1 + b_2}$
Triangolo		$\mathcal{A} = \dfrac{b \times h}{2}$	$h = \dfrac{2 \times \mathcal{A}}{b} \qquad b = \dfrac{2 \times \mathcal{A}}{h}$
Poligono regolare		$\mathcal{A} = \dfrac{2p \times a}{2}$ (2p è il perimetro) $\mathcal{A} = N' \times l^2$ (N' è un numero fisso che dipende dal numero dei lati del poligono regolare)	$2p = \dfrac{2 \times \mathcal{A}}{a} \qquad a = \dfrac{2 \times \mathcal{A}}{2p}$ $l = \sqrt{\dfrac{\mathcal{A}}{N'}}$
Poligono circoscritto		$\mathcal{A} = \dfrac{2p \times r}{2}$ (2p è il perimetro)	$2p = \dfrac{2 \times \mathcal{A}}{r} \qquad r = \dfrac{2 \times \mathcal{A}}{2p}$

FORMULARIO

SISTEMA DI MISURA DECIMALE

Misura della lunghezza

	Unità	Simbolo		
Multipli	1 chilometro	km	= 1000 m	
	1 ettometro	hm	= 100 m	
	1 decametro	dam	= 10 m	
	1 metro	m	= 1 m	
Sottomultipli	1 decimetro	dm	= 0,1 m	
	1 centimetro	cm	= 0,01 m	
	1 millimetro	mm	= 0,001 m	

km →×10→ hm →×10→ dam →×10→ m →×10→ dm →×10→ cm →×10→ mm (e :10 in senso inverso)

Area

	Unità	Simbolo	
Multipli	1 chilometro quadrato	km^2	= 1 000 000 m^2
	1 ettometro quadrato	hm^2	= 10 000 m^2
	1 decametro quadrato	dam^2	= 100 m^2
	1 metro quadrato	m^2	= 1 m^2
Sottomultipli	1 decimetro quadrato	dm^2	= 0,01 m^2
	1 centimetro quadrato	cm^2	= 0,0001 m^2
	1 millimetro quadrato	mm^2	= 0,000001 m^2

km^2 →×100→ hm^2 →×100→ dam^2 →×100→ m^2 →×100→ dm^2 →×100→ cm^2 →×100→ mm^2 (e :100 in senso inverso)

Misure agrarie

	Unità	Simbolo	
Multiplo	1 ettaro	ha	= 100 a = 1 hm^2 = 10 000 m^2
	1 ara	a	= 1 dam^2 = 100 m^2
Sottomultiplo	1 centiara	ca	= 0,01 a = 1 m^2

ha →×100→ a →×100→ ca (e :100 in senso inverso)

SISTEMA DI MISURA DECIMALE

Volume

	Unità	Simbolo		
Multipli	chilometro cubo	km³	= 1 000 000 000 m³	×1000 ↓ km³ ↑ :1000
	ettometro cubo	hm³	= 1 000 000 m³	×1000 ↓ hm³ ↑ :1000
	decametro cubo	dam³	= 1000 m³	×1000 ↓ dam³ ↑ :1000
	metro cubo	m³	= 1 m³	×1000 ↓ m³ ↑ :1000
Sottomultipli	decimetro cubo	dm³	= 0,001 m³	×1000 ↓ dm³ ↑ :1000
	centimetro cubo	cm³	= 0,000001 m³	×1000 ↓ cm³ ↑ :1000
	millimetro cubo	mm³	= 0,000000001 m³	×1000 ↓ mm³ ↑ :1000

Capacità

	Unità	Simbolo		
Multipli	ettolitro	hl	= 100 l	×10 ↓ hl ↑ :10
	decalitro	dal	= 10 l	×10 ↓ dal ↑ :10
	litro	l	= 1 l	×10 ↓ l ↑ :10
Sottomultipli	decilitro	dl	= 0,1 l	×10 ↓ dl ↑ :10
	centilitro	cl	= 0,01 l	×10 ↓ cl ↑ :10
	millilitro	ml	= 0,001 l	×10 ↓ ml ↑ :10

Massa e peso

	Unità	Simbolo		
Multipli	chilogrammo	kg	= 1000 g	×10 ↓ kg ↑ :10
	ettogrammo	hg	= 100 g	×10 ↓ hg ↑ :10
	decagrammo	dag	= 10 g	×10 ↓ dag ↑ :10
	grammo	g	= 1 g	×10 ↓ g ↑ :10
Sottomultipli	decigrammo	dg	= 0,1 g	×10 ↓ dg ↑ :10
	centigrammo	cg	= 0,01 g	×10 ↓ cg ↑ :10
	milligrammo	mg	= 0,001 g	×10 ↓ mg ↑ :10

Tabella di corrispondenza

Volume	Capacità	Peso
1 cm³	1 ml	1 g
1 dm³	1 l	1 kg
1 m³	10 hl	1000 kg = 1 Mg

FORMULARIO

VOLUMI E AREE DEI SOLIDI

Poliedro	Misure dei poliedri				
	Area della superficie laterale		Area della superficie totale	Volume	
	Formule dirette	Formule inverse		Formule dirette	Formule inverse
Parallelepipedo rettangolo	$\mathcal{A}_l = 2p \times c$	$c = \dfrac{\mathcal{A}_l}{2p}$ $\quad 2p = \dfrac{\mathcal{A}_l}{c}$	$\mathcal{A}_t = \mathcal{A}_l + 2\mathcal{A}_b$	$\mathcal{V} = a \times b \times c =$ $= \mathcal{A}_b \times c$	$c = \dfrac{\mathcal{V}}{\mathcal{A}_b}$ $\quad \mathcal{A}_b = \dfrac{\mathcal{V}}{c}$
Cubo	$\mathcal{A}_l = 4 \times l^2$	$l = \sqrt{\dfrac{\mathcal{A}_l}{4}}$	$\mathcal{A}_t = 6 \times l^2$	$\mathcal{V} = l^3$	$l = \sqrt[3]{\mathcal{V}}$
Prisma retto	$\mathcal{A}_l = 2p \times h$	$h = \dfrac{\mathcal{A}_l}{2p}$ $\quad 2p = \dfrac{\mathcal{A}_l}{h}$	$\mathcal{A}_t = \mathcal{A}_l + 2\mathcal{A}_b$	$\mathcal{V} = \mathcal{A}_b \times h$	$h = \dfrac{\mathcal{V}}{\mathcal{A}_b}$ $\quad \mathcal{A}_b = \dfrac{\mathcal{V}}{h}$
Piramide retta	$\mathcal{A}_l = \dfrac{2p \times a}{2}$	$2p = \dfrac{2 \times \mathcal{A}_l}{a}$ $\quad a = \dfrac{2 \times \mathcal{A}_l}{2p}$	$\mathcal{A}_t = \mathcal{A}_l + \mathcal{A}_b$	$\mathcal{V} = \dfrac{\mathcal{A}_b \times h}{3}$	$h = \dfrac{3 \times \mathcal{V}}{\mathcal{A}_b}$ $\quad \mathcal{A}_b = \dfrac{3 \times \mathcal{V}}{h}$
Tronco di piramide retto	$\mathcal{A}_l = \dfrac{(2p+2p') \times a}{2}$	$2p + 2p' = \dfrac{2 \times \mathcal{A}_l}{a}$ $\quad a = \dfrac{2 \times \mathcal{A}_l}{2p + 2p'}$	$\mathcal{A}_t = \mathcal{A}_l + \mathcal{A}_{b_1} + \mathcal{A}_{b_2}$	$\mathcal{V} = \dfrac{\left(\mathcal{A}_{b_1} + \mathcal{A}_{b_2} + \sqrt{\mathcal{A}_{b_1} \times \mathcal{A}_{b_2}}\right) \times h}{3}$	
Poliedro regolare	Area di una faccia $\mathcal{A}_f = N' \times l^2$ N' è una costante che dipende dal numero di lati di una faccia	$l = \sqrt{\dfrac{\mathcal{A}_f}{N'}}$	$\mathcal{A}_t = n \times \mathcal{A}_f$ n è il numero delle facce del poliedro	$\mathcal{V} = M \times l^3$ M è una costante che dipende dal numero di facce	$l = \sqrt[3]{\dfrac{\mathcal{V}}{M}}$

VOLUMI E AREE DEI SOLIDI

Solido di rotazione	Misure dei solidi di rotazione				
	Area della superficie laterale		Area della superficie totale	Volume	
	Formule dirette	Formule inverse		Formule dirette	Formule inverse
Cilindro	$\mathcal{A}_l = C \times h =$ $= 2\pi \times r \times h$	$r = \dfrac{\mathcal{A}_l}{2\pi \times h}$ $h = \dfrac{\mathcal{A}_l}{2\pi \times r}$	$\mathcal{A}_t = \mathcal{A}_l + 2\mathcal{A}_b =$ $= 2\pi \times r \times (h + r)$	$\mathcal{V} = \mathcal{A}_b \times h =$ $= \pi \times r^2 \times h$	$r = \sqrt{\dfrac{\mathcal{V}}{\pi \times h}}$ $h = \dfrac{\mathcal{V}}{\pi \times r^2}$
Cilindro equilatero $h = 2r$	$\mathcal{A}_l = C \times h =$ $= 4\pi \times r^2$	$r = \sqrt{\dfrac{\mathcal{A}_l}{4\pi}}$	$\mathcal{A}_t = \mathcal{A}_l + 2\mathcal{A}_b =$ $= 6\pi \times r^2$	$\mathcal{V} = \mathcal{A}_b \times h =$ $= 2\pi \times r^3$	$r = \sqrt[3]{\dfrac{\mathcal{V}}{2\pi}}$
Cono	$\mathcal{A}_l = \dfrac{C \times a}{2} =$ $= \dfrac{2\pi \times r \times a}{2}$	$r = \dfrac{\mathcal{A}_l}{\pi \times a}$ $a = \dfrac{\mathcal{A}_l}{\pi \times r}$	$\mathcal{A}_t = \mathcal{A}_l + \mathcal{A}_b =$ $= \pi \times r \times (a + r)$	$\mathcal{V} = \dfrac{\mathcal{A}_b \times h}{3} =$ $= \dfrac{\pi \times r^2 \times h}{3}$	$r = \sqrt{\dfrac{3 \times \mathcal{V}}{\pi \times h}}$ $h = \dfrac{3 \times \mathcal{V}}{\pi \times r^2}$
Cono equilatero $a = 2r$	$\mathcal{A}_l = \pi \times r \times a$ $= 2\pi \times r^2$	$r = \sqrt{\dfrac{\mathcal{A}_l}{2\pi}}$	$\mathcal{A}_t = \mathcal{A}_l + \mathcal{A}_b =$ $= 3\pi \times r^2$	$\mathcal{V} = \dfrac{\mathcal{A}_b \times h}{3} =$ $= \dfrac{\pi \times r^3 \times \sqrt{3}}{3}$	$r = \sqrt[3]{\dfrac{3 \times \mathcal{V}}{\pi \times \sqrt{3}}}$
Tronco di cono	$\mathcal{A}_l = \pi \times (r + r') \times a$	$r + r' = \dfrac{\mathcal{A}_l}{\pi \times a}$ $a = \dfrac{\mathcal{A}_l}{\pi \times (r + r')}$	$\mathcal{A}_t = \mathcal{A}_l + \mathcal{A}_{b_1} + \mathcal{A}_{b_2} =$ $= \pi \times (r + r') \times a +$ $+ \pi \times r^2 + \pi \times r'^2$	$\mathcal{V} = \dfrac{\pi \times (r^2 + r'^2 + r \times r') \times h}{3}$	
Sfera	Area della superficie sferica				
	$\mathcal{A}_s = 4 \times \pi \times r^2$	$r = \sqrt{\dfrac{\mathcal{A}_s}{4 \times \pi}}$		$\mathcal{V} = \dfrac{4}{3} \times \pi \times r^3$	$r = \sqrt[3]{\dfrac{3 \times \mathcal{V}}{4 \times \pi}}$

FORMULARIO

TAVOLA DEI NUMERI FISSI

Poligoni regolari			
Poligono regolare	Numero dei lati	$N' = \dfrac{\mathcal{A}}{l^2}$	$N = \dfrac{a}{l}$
Triangolo	3	0,433	0,288
Quadrato	4	1	0,5
Pentagono	5	1,720	0,688
Esagono	6	2,598	0,866
Ettagono	7	3,633	1,038
Ottagono	8	4,828	1,207
Ennagono	9	6,183	1,374
Decagono	10	7,690	1,538
Endecagono	11	9,361	1,702
Dodecagono	12	11,196	1,866
Pentadecagono	15	17,640	2,352
Icosagono	20	31,560	3,156

Poliedri regolari			
Poliedro regolare	Numero delle facce	$N' = \dfrac{\mathcal{A}_f}{l^2}$	$M = \dfrac{\mathcal{V}}{l^3}$
Tetraedro	4	0,433	0,117
Cubo	6	1	1
Ottaedro	8	0,433	0,471
Dodecaedro	12	1,720	7,663
Icosaedro	20	0,433	2,181

ARITMETICA
TEST A RISPOSTA MULTIPLA

N.	Domanda	A	B	C	D
1	10 < 17 < 100 è uguale a:	1 < 17 < 102	0 < 17 < 10	10 < 17 < 103	10 < 17 < 102
2	Si calcoli il MCD di: 256 - 284 - 196 - 216 - 84 - 156.	8	6	4	2
3	La media aritmetica di un insieme di 4 numeri A,B,C,D è 45. Se eliminiamo i numeri A=50 e C=60, quanto vale la media aritmetica dei numeri rimasti?	35	30	25	40
4	Sottrarre a 27 la differenza tra il prodotto di 8 per 2 e 9.	-20	20	-19	19
5	Sapendo che b=2 e c=3, a b aumentato di 2 aggiungi la differenza dei cubi di c e b.	9	21	23	22
6	Trova il numero mancante della serie numerica: 5-10-6-9; 3-15-8-10; 9-11-5-?	14	15	16	10
7	Esprimi, usando i simboli dell'aritmetica, la seguente istruzione: "Dividere 28 per la differenza tra 17 e il prodotto di 4 per 2".	(28-17)*4-2	28:(17-2)*4	28:17-4*2	28: (17-4*2)
8	Sottrarre a 57 la differenza tra il prodotto di 8 per 2 e 9.	-50	36	50	-34
9	Sottrai al prodotto tra il quadrato di 2 e il quadrato di 3 il rapporto tra 45 e la differenza tra 12 e la sua quarta parte.	5	31	6	36
10	Inserisci il numero mancante: 7,7,8,16,...,51,52.	18	48	17	47
11	In una classe ci sono 50 tavoli, se ne comprano altri 3. Quale percentuale è stata aggiunta?	5%	106%	105%	6%
12	Inserisci il numero mancante: 3,10,32,99,...,908.	151	301	300	176
13	Se si hanno 225 kg di patate, e se ne vendono 72 kg, qual è la percentuale delle patate vendute?	15%	20%	32%	30%
14	Esprimi, usando i simboli dell'aritmetica, la seguente istruzione: "Somma il prodotto di a e b al a differenza tra a e il triplo di b".	(a:3b)+a:b	(a+3b)+a*b	(a-b^3)+a*b	(a-3b)+a*b
15	In una classe ci sono 20 tavoli, se ne comprano altri 8. Quale percentuale è stata aggiunta?	140%	42.5%	25%	40%
16	Sapendo che b=4 e c=5, a b aumentato di 2 aggiungi la differenza dei cubi di c e b.	67	66	65	61
17	Sapendo che a=6 e x=7, sottrai al triplo prodotto tra a e il suo successivo il quadrato di x.	90	77	70	88
18	La media aritmetica di un insieme di 4 numeri A,B,C,D è 35. Se eliminiamo i numeri A=20 e C=30, quanto vale la media aritmetica dei numeri rimasti?	40	30	25	45
19	Da una statistica effettuata in una scuola di 300 studenti, è risultato che il 30% praticano nuoto, il 60% praticano calcio e il 20% non praticano né il nuoto né il calcio. Quanti praticano sia il nuoto sia il calcio?	30	30%	20%	20
20	Inserisci il numero mancante: 10/1,9/2,8/3,7/4,....,5/6.	6/6	6/5	8/5	5/6
21	Completa la seguente sequenza numerica: 6,3,9,10,5,15,14,7,...	20	14	21	16
22	Sapendo che: $Y=(2x-6)/(12x-6)$, se X=10 quanto vale Y?	3/2	10	3	7/57
23	Sapendo che: $Y=(2x-6)/(12x-6)$, se X=5 quanto vale Y?	3	2/27	3/2	27/4

#	Domanda				
24	Inserisci il numero mancante: 3,5,8,13,22,...,72.	39	30	40	32
25	Se si hanno 375 uova e se ne vendono 360, che percentuale è rimasta invenduta?	6%	10%	7%	4%
26	Somma a -32 la differenza tra il prodotto di 9 per 2 e 8.	42	22	-42	-22
27	In un edificio ci sono 30 finestre. Se ne aprono altre 15. Che percentuale si è aggiunta?	25%	30%	15%	50%
28	Completa la seguente successione numerica: 9,81,27,729,243,59049,....	19683	19863	18963	19386
29	Per raggiungere una destinazione si ha a disposizione il treno o l'aereo o la nave. Nel primo caso, per arrivare a destinazione, alla stazione si può scegliere tra un pullman o il taxi o 3km a piedi. Nel secondo caso all'aeroporto si può noleggiare un'auto o prendere un taxi. Nel terzo caso al porto si può noleggiare un'auto o prendere un taxi. In quanti modi diversi si può giungere a destinazione?	6	7	3	5
30	Somma la differenza tra -5 e -7 al prodotto di -6 e +2 e poi sottrai i doppio di -3.	+4	-3	-1	-4
31	In una classe di 20 studenti, il voto medio dei 12 ragazzi all'ultimo compito in classe è 9; il voto medio delle ragazze è stato invece 10. Qual è il voto medio degli studenti della classe?	9.4	10	9.5	8.5
32	Considera i seguenti numeri: 113; 120; 118; 122; 123; 124, sottrai 100 da ciascuno di essi e calcola la media dei nuovi numeri ottenuti.	17	20	19	9
33	Moltiplica il quadrato della differenza tra a e b per il loro doppio prodotto, sapendo che a=7, b=6.	85	48	84	58
34	Somma il prodotto di a e b alla differenza tra a e il triplo di b, sapendo che a=+2, b=+3.	+1	+5	-5	-1
35	In una classe di 20 studenti, il voto medio dei 12 ragazzi all'ultimo compito in classe è 8; il voto medio delle ragazze è stato invece 9. Qual è il voto medio degli studenti della classe?	8.25	8	8.5	8.4
36	Sapendo che n=76, sottrai al doppio di n la sua quarta parte.	72	84	120	133
37	Sapendo che: Y=3x/(x+3), se X=0 quanto vale Y?	3/2	3	-2	0
38	In uno scaffale di una libreria ci sono 20 libri; i primi 10 hanno un numero medio di 350 pagine; i 4 successivi hanno mediamente 420 pagine e la media delle pagine degli ultimi sei è 620. Qual è il numero medio di pagine dei 20 libri?	440	445	500	450
39	Esprimi, usando i simboli dell'aritmetica, la seguente istruzione: "Moltiplica il quadrato della somma tra 2 e 4 per il quadrato della differenza tra 9 e 7 aumentato di 6.".	2^2+4*[(9-7)^2 +6]	(2+4)^2*[(9-7)^2 +6]	2^2+4^2:[(9-7)^2 +6]	2+4^2*[(9-6)^2 +7]
40	Tra quali numeri naturali è compresa la radice quadrata di 155?	16 e 17	12 e 13	14 e 15	11 e 12
41	Considera i seguenti numeri: 117; 65; 52; 26; 39, dividi ciascuno di essi per 13 e calcola la media dei nuovi numeri ottenuti.	13.6.	59.8.	4.6	6.6

#	Domanda	A	B	C	D
42	Somma il prodotto di a e b alla differenza tra a e il triplo di b, sapendo che a=+1, b=+2.	+5	-3	-5	+3
43	La crema di nocciole viene venduta a 360 euro al quintale, che rappresenta l 60% del suo costo di produzione. Quanto è in euro questo costo?	580	600	430	300
44	Somma il prodotto di a e b alla differenza tra a e il triplo di b, sapendo che a=+3, b=+4.	+12	+3	-3	-12
45	Trova il numero mancante della serie numerica: 729-96-633; 881-43-838; 963-85-?	878	911	865	863
46	Dividere 9 per la differenza tra 9 e il prodotto di 3 per 2.	2	3	-3	-4
47	Sapendo che: Y=(2x-6)/(12x-6), se X=7 quanto vale Y?	3	4/39	4	3/2
48	Considera i seguenti numeri: 18; 36; 54; 72; 90; 108, somma 12 a ciascuno di essi e calcola la media dei nuovi numeri ottenuti.	75	12	85	63
49	Trova il numero mancante della serie numerica: 167-17-150; 181-?-73; 231-51-180.	103	91	101	108
50	Somma il prodotto di a e b alla differenza tra a e il triplo di b, sapendo che a=+4, b=+5.	-9	-11	+9	+11
51	Inserisci il numero mancante: 331,326,320,...,305,296.	314	312	315	313
52	Trova il numero mancante della serie numerica: 14-84; 12-60; 10-40; 8-?	32	26	10	24
53	Completa la seguente sequenza numerica: 26,13,39,40,20,60,...	61	120	65	30
54	Dividere 21 per la differenza tra 9 e il prodotto di 3 per 2.	-8	7	9	-4
55	Moltiplica il quadrato della somma tra 2 e 4 per il quadrato della differenza tra 9 e 7 aumentato di 6.	63	630	36	360
56	Per raggiungere una destinazione si ha a disposizione il treno o l'aereo o la nave. Nel primo caso, per arrivare a destinazione, alla stazione si può scegliere tra un pullman o il taxi o 3km a piedi. Nel secondo caso all'aeroporto si può noleggiare un'auto o prendere un taxi. Nel terzo caso al porto si può scegliere tra un pullman o il taxi o 2km a piedi. In quanti modi diversi si può giungere a destinazione?	8	7	3	6
57	Sapendo che: Y=(2x-6)/(12x-6), se X=1 quanto vale Y?	3/2	1	3	-2/3
58	Sapendo che x=9 e y=4, al quadruplo di x sottrai la differenza tra x e y aumentata di 2.	25	29	26	30
59	Completa la seguente successione numerica: 4,16,8,64,32,1024,...	500	256	512	550
60	Calcola 3ab-2a^2:(b+1) sapendo che a=2, b=3.	15	12	6	16
61	Sapendo che s=111 e t=10, dividi la somma tra s e t per il successivo di t.	12	11	6	13
62	Calcolare il valore di X data la seguente proporzione: 8/5 : 4/5 = 1/10 : X.	X = 2/17	X = 2/15	X = 1/20	X = 1/10
63	La media aritmetica di un insieme di 4 numeri A,B,C,D è 30. Se eliminiamo i numeri A=10 e C=20, quanto vale la media aritmetica dei numeri rimasti?	30	40	45	25

#	Domanda				
64	Calcola 3ab-2a^2:(b+1) sapendo che a=2, b=1.	4	2	3	6
65	Considera i seguenti numeri: 114; 121; 119; 123; 124; 125, sottrai 100 da ciascuno di essi e calcola la media dei nuovi numeri ottenuti.	10	20	19	21
66	Moltiplica il quadrato della differenza tra a e b per il loro doppio prodotto, sapendo che a=3, b=-1.	-12	-1	-24	-96
67	Moltiplica il quadrato della differenza tra a e b per il loro doppio prodotto, sapendo che a=2, b=1.	-4	-2	+2	+4
68	Somma a 1 il quoziente tra 8 e il cubo della differenza tra 14 e il prodotto tra 4 e 3.	2	1	12	0
69	Dividere -18 per la differenza tra 9 e il prodotto di 3 per 2.	-6	9	2	-4
70	Esprimi, usando i simboli dell'aritmetica, la seguente istruzione: "Dividere 20 per la differenza tra 9 e il prodotto di 3 per 2".	(20-9)*3-2	20:9 -3*2	20:(9-2)*3	20: (9-3*2)
71	In una classe di 20 studenti, il voto medio dei 12 ragazzi all'ultimo compito in classe è 7; il voto medio delle ragazze è stato invece 8. Qual è il voto medio degli studenti della classe?	7	7.4	8	7.5
72	Trova il numero mancante della serie numerica: 111-17-94; 173-?-132; 244-57-187.	49	39	41	53
73	I cioccolatini alle nocciole vengono venduti a 360 euro al quintale, che rappresenta il 180% del loro costo di produzione. Quanto è in euro questo costo?	180	190	200	240
74	Considera i seguenti numeri: 112; 119; 117; 121; 122; 123, sottrai 100 da ciascuno di essi e calcola la media dei nuovi numeri ottenuti.	17	9	18	19
75	Se si hanno 160 kg di patate, e se ne vendono 72 kg, qual è la percentuale delle patate vendute?	50%	40%	45%	55%
76	Moltiplica il quadrato della differenza tra a e b per il loro doppio prodotto, sapendo che a=4, b=3.	-24	-2	+24	+2
77	Per raggiungere una destinazione si ha a disposizione il treno o l'aereo. Nel primo caso, per arrivare a destinazione, alla stazione si può scegliere tra il taxi o 3km a piedi. Nel secondo caso all'aeroporto si può noleggiare un'auto o prendere un taxi. In quanti modi diversi si può giungere a destinazione?	3	5	2	4
78	Sapendo che x=7 e y=93, sottrai il triplo di x dalla terza parte di y.	10	17	24	35
79	Per raggiungere una destinazione si ha a disposizione il treno o l'aereo. Nel primo caso, per arrivare a destinazione, alla stazione si può scegliere tra il taxi o 3km a piedi. Nel secondo caso all'aeroporto si può noleggiare un'auto o prendere un taxi. In quanti modi diversi si può giungere a destinazione?	3	5	2	4
80	Considera i seguenti numeri: 108; 60; 48; 24; 36, dividi ciascuno di essi per 12 e calcola la media dei nuovi numeri ottenuti.	55.2.	6.6	12. 6	4.6
81	Sapendo che a=7 e b=8 , aggiungi al quadruplo di a il quintuplo di b.	61	73	68	75

#	Domanda	A	B	C	D
82	In uno scaffale di una libreria ci sono 20 libri; i primi 10 hanno un numero medio di 600 pagine; i 4 successivi hanno mediamente 500 pagine e la media delle pagine degli ultimi sei è 400. Qual è il numero medio di pagine dei 20 libri?	500	550	540	520
83	Sapendo che: $Y=3x/(x+3)$, se $X=4$ quanto vale Y?	12/7	1	1/14	1/7
84	Sapendo che: $Y=3x/(x+3)$, se $X=3$ quanto vale Y?	3	3/2	2	1
85	Sapendo che: $<[3/4+(1/2)(1/3)] : (13/2+14/4) = [2+(1/2)^3:5/8] : X>$, quanto vale X?	24	20	42	16
86	Lo spazio percorso da uno sciatore al passare del tempo è espresso dalla formula: $s=1,8t^2$. Se lo sciatore arriva in fondo alla pista dopo 16 secondi, quanto è lunga la pista?	460,8m	350,2m	400,8m	450,2m
87	L'intersezione degli insiemi: $A = \{1, 2, 3\}$, $B = \{4, 3, 5\}$, $C = \{5, 6, 3\}$ e $D = \{5, 4, 3\}$ è l'insieme E, con:	E = {5, 4}	E = {3}	E = vuoto	E = {4}
88	In una prova d'esame, sostenuta da 250 candidati, è stato richiesto di risolvere 2 problemi; è risultato che: 50 candidati hanno risolto correttamente il primo problema, ma hanno sbagliato il secondo; 70 hanno risolto il secondo ma hanno sbagliato il primo; 50 non hanno risolto né il primo né il secondo problema. Quanti hanno risolto correttamente sia il primo sia il secondo problema?	80	55	70	65
89	Determinare la media aritmetica del seguente gruppo di numeri: $6*10^{-4}$; $12*10^{-4}$; $-60*10^{-5}$.	$6*10^4$	$4*10^{-5}$	6	$4*10^{-4}$
90	Dati gli insiemi $A = \{12, 22, 32, 42, 52\}$, $B = \{32, 42, 52, 62, 72\}$, $C = \{22, 42, 62, 82\}$, calcola [(A intersezione B) unito C].	{22, 32, 42, 52, 62, 82}	{22, 32, 42, 52, 62}	Vuoto	{22, 62, 82}
91	Dati i sottoinsiemi dei numeri naturali A, B e C tali che A contiene tutti i numeri maggiori di 2 e minori uguali a 4, B contiene tutti i divisori di 12 e C contiene tutti i numeri dispari minori uguali di 8, calcola l'insieme intersezione.	{3}	Vuoto	{3, 4}	{4}
92	Determinare la media aritmetica del seguente gruppo di numeri: $4*10^{-4}$; $8*10^{-4}$; $-40*10^{-5}$.	4/3	$8,3*10^{-4}$	$8/3*10^{-5}$	$4/3*10^4$
93	Quanti sono i sottoinsiemi di 2 elementi dell'insieme $E=\{X,Y,Z,K,J\}$?	5	6	12	10
94	Quanti sono i sottoinsiemi di 4 elementi dell'insieme $E=\{X,Y,Z,K,J,L,G\}$?	17	30	14	35
95	L'intersezione degli insiemi: $A = \{216, 226, 236\}$, $B = \{226, 236, 246\}$, $C = \{246, 256, 236\}$ e $D = \{256, 236, 266\}$ è l'insieme E, con:	E = {246}	E = vuoto	E = {226 246}	E = {236}
96	Quanto devo togliere a 100.000 euro affinché la somma rimasta sia in proporzione con quella tolta come 13 sta a 12?	30.000	25.000	48.000	40.000
97	Quanti sono i sottoinsiemi di 3 elementi dell'insieme $E=\{X,Y,Z,K,J,L\}$?	10	20	6	18
98	L'intersezione degli insiemi: $A = \{125, 130, 135\}$, $B = \{120, 135, 140\}$, $C = \{145, 155, 135\}$ e $D = \{150, 135, 165\}$ è l'insieme E, con:	E = vuoto	E = {120, 125}	E = {135}	E = {140}
99	Quanti sono i sottoinsiemi di 4 elementi dell'insieme $E=\{X,Y,Z,K,J\}$?	10	12	6	5

100	Si lancia una moneta equilibrata 3 volte, consecutivamente. Determina la probabilità che si ottenga "testa" esattamente una volta.	8/8	5/8	3/8	2/8
101	Il peso di un corpo sulla Luna è direttamente proporzionale al peso dello stesso corpo sulla Terra. Un astronauta di 90 kg peserebbe sulla luna 15 kg. Quanto peserebbe sulla Luna un astronauta di 72 kg?	15 kg	14 kg	12 kg	72 kg
102	Un sacchetto contiene caramelle di 5 gusti diversi: 20 alla fragola, 15 al cioccolato, 10 al caramello, 8 all'arancia e 5 al lampone. Si prende a caso una caramella, senza guardare. Qual è la probabilità che la caramella non sia né al cioccolato né al lampone.	10/29	6/58	15/59	19/29
103	Dati i sottoinsiemi dei numeri naturali A, B e C tali che A contiene tutti i numeri maggiori di 2 e minori uguali a 4, B contiene tutti i divisori di 12 e C contiene tutti i numeri pari minori di 8, calcola l'insieme intersezione.	Vuoto	{3, 4}	{4}	{3}
104	In un gruppo di 200 persone 109 parlano portoghese, 56 italiano, delle quali 39 sia portoghese sia italiano. Quante di loro non parlano né portoghese né italiano?	47	75	54	74
105	Dati gli insiemi A = {3, 4, 5, 6, 27}, B = {11, 72, 3, 4, 6, 121}, calcola [(A - B) unito (B-A)].	{5, 27}	{11, 72, 5, 27, 121}	Vuoto	{11, 72, 121}
106	L'intersezione degli insiemi: A = {15, 25, 35}, B = {45, 35, 55}, C = {64, 55, 35} e D = {50, 35, 65} è l'insieme E, con:	E = {45}	E = {55, 15}	E = vuoto	E = {35}
107	Determinare la media aritmetica del seguente gruppo di numeri: $3*10^{-4}$; $6*10^{-4}$; $-30*10^{-5}$.	$3*10^4$	$2*10^{-4}$	3	$2*10^{-5}$
108	Quanto devo togliere a 100.000 euro affinché la somma rimasta sia in proporzione con quella tolta come 17 sta a 3?	40.000	30.000	25.000	15.000
109	In una prova d'esame, sostenuta da 50 candidati, è stato richiesto di risolvere 2 problemi; è risultato che: 4 candidati hanno risolto correttamente il primo problema, ma hanno sbagliato il secondo; 6 hanno risolto il secondo ma hanno sbagliato il primo; 14 non hanno risolto né il primo né il secondo problema. Quanti hanno risolto correttamente sia il primo sia il secondo problema?	26	20	24	25
110	Dati i sottoinsiemi dei numeri naturali A, B e C tali che A contiene tutti i numeri maggiori di 2 e minori uguali a 4, B contiene tutti i divisori di 24 e C contiene tutti i numeri pari minori uguali di 8, calcola l'insieme intersezione.	{4}	Vuoto	{3}	{3, 4}
111	Dati gli insiemi A = {3, 4, 5, 6, 67}, B = {61, 52, 3, 4, 6, 126}, calcola [(A - B) unito (B-A)].	Vuoto	{61, 52, 5, 67, 126}	{61, 52, 126}	{5, 67}
112	Determinare la media aritmetica del seguente gruppo di numeri: $5*10^{-4}$; $10*10^{-4}$; $-50*10^{-5}$.	$10/3*10^4$	$10/3*10^{-4}$	$10/3*10^{-5}$	10/3
113	Dati gli insiemi A = {3, 4, 5, 6, 57}, B = {51, 42, 3, 4, 6, 125}, calcola [(A - B) unito (B-A)].	Vuoto	{5, 57}	{51, 42, 125}	{51, 42, 5, 57, 125}
114	Quante password diverse di quattro caratteri si possono generare usando solo cifre pari diverse da zero?	5	4^4	5^2	4^3

#	Domanda	A	B	C	D
115	Sapendo che: <35: (3/4-1/6) = X : [2+(1/3)^3(27/5)] >, quanto vale X?	133	132	122	123
116	La differenza di due numeri è 85 e stanno tra loro come 19 sta a 2. Calcola i due numeri.	80; 165	100; 15	95; 10	70; 155
117	Sapendo che: <(22/3+X) : X = (7/4) : {4/7[7/12:(11/12)]+7/11}>, quanto vale X?	88/3	88/9	8/9	8/3
118	Il peso di un corpo sulla Luna è direttamente proporzionale al peso dello stesso corpo sulla Terra. Un astronauta di 90 kg peserebbe sulla luna 15 kg. Quanto peserebbe sulla Luna un astronauta di 93 kg?	15 kg	16 kg	15,5 kg	93 kg
119	La differenza di due numeri è 9. La somma della metà del minore con il maggiore è 18. Quali sono i due numeri?	6; 15	16; 13	16; 14	10; 13
120	Dati i sottoinsiemi dei numeri naturali A, B e C tali che A contiene tutti i numeri maggiori di 1 e minori uguali a 6, B contiene tutti i divisori di 12 e C contiene tutti i numeri dispari minori uguali di 8, calcola l'insieme intersezione.	{3, 4}	{4}	Vuoto	{3}
121	Dati i sottoinsiemi dei numeri naturali A, B e C tali che A contiene tutti i numeri maggiori di 1 e minori uguali a 6, B contiene tutti i divisori di 12 e C contiene tutti i numeri pari minori uguali di 8, calcola l'insieme intersezione.	{2, 4}	{2, 4, 6}	Vuoto	{3, 4}
122	La differenza di due numeri è 12. La somma della metà del minore con il maggiore è 18. Quali sono i due numeri?	10; 22	2; 14	11; 23	4; 16
123	Il peso di un corpo sulla Luna è direttamente proporzionale al peso dello stesso corpo sulla Terra. Un astronauta di 90 kg peserebbe sulla luna 15 kg. Quanto peserebbe sulla Luna un astronauta di 120 kg?	15 kg	25 kg	20 kg	120 kg
124	L'intersezione degli insiemi: A = {7, 8, 9}, B = {5, 7, 8}, C = {9, 4, 7, 3} e D = {6, 9, 7} è l'insieme E, con:	E = {7, 9}	E = {9}	E = vuoto	E = {7}
125	Dati gli insiemi A = {0, 2, 3, 4, 5}, B = {3, 4, 5, 6, 7}, C = {2, 4, 6, 9}, calcola [(A intersezione B) unito C].	Vuoto	{2, 3, 4, 5, 6}	{2, 6, 8}	{2, 3, 4, 5, 6, 9}
126	La differenza di due numeri è 85 e stanno tra loro come 27 sta a 10. Calcola i due numeri.	100; 15	80; 165	135; 50	70; 155
127	Quanti numeri di 4 cifre, tutte dispari, senza ripetizione, si possono scrivere?	25	5	120	625
128	A un'estrazione del lotto vengono estratti i numeri 4, 7, 85, 60, 74. Quante quaterne si possono formare con i numeri estratti?	5	3	4	2
129	Dati i sottoinsiemi dei numeri naturali A, B e C tali che A contiene tutti i numeri maggiori di 2 e minori uguali a 5, B contiene tutti i divisori di 12 e C contiene tutti i numeri pari minori uguali di 8, calcola l'insieme intersezione.	{3}	{4}	{3, 4}	Vuoto
130	Quante password diverse di tre caratteri si possono generare usando solo cifre dispari?	5	5^3	3^5	3
131	Sapendo che: <(3/4-1/6) : 35 = [2+(1/2)^3:5/8] : X>, quanto vale X?	122	133	132	123

#	Domanda	A	B	C	D
132	Sapendo che: <(21/20+X) : X = (9/4-1/2) : {4/7[7/12:(11/12)]+7/11}>, quanto vale X?	7/15	7/5	5/7	15/7
133	Calcola $(x-y)^2+4x^2y^3-7y^2-7x^3$ sapendo che x=4 e y=2.	30	20	50	40
134	In un gruppo di 200 persone 119 parlano inglese, 66 francese, delle quali 49 sia inglese sia francese. Quante di loro non parlano né inglese né francese?	64	54	75	47
135	La differenza di due numeri è 35 e stanno tra loro come 18 sta a 13. Calcola i due numeri.	185; 150	70;125	191;26	126; 91
136	Dati gli insiemi A = {15, 25, 35, 45, 55}, B = {35, 45, 55, 65, 75}, C = {25, 45, 65, 85}, calcola [(A intersezione B) unito C].	Vuoto	{25, 65, 85}	{25, 35, 45, 55, 65, 85}	{25, 37, 47, 55, 65}
137	Quante password diverse di sette caratteri si possono generare usando solo cifre da 0 a 9?	10^6	10^2	10	10^7
138	La differenza di due numeri è 35 e stanno tra loro come 28 sta a 21. Calcola i due numeri.	85; 90	150; 104	70; 125	140; 105
139	Sapendo che: <(7+1/3+X) : X = (9/4-1/8) : {4/7[7/12:(11/12)]+7/11}>, quanto vale X?	27	176/27	27/176	176
140	Quanto devo togliere a 100.000 euro affinché la somma rimasta sia in proporzione con quella tolta come 35 sta a 15?	25.000	35.000	40.000	30.000
141	Dati gli insiemi A = {71, 72, 73, 74, 75}, B = {73, 74, 75, 76, 77}, C = {72, 74, 76, 78}, calcola [(A intersezione B) unito C].	{72, 53, 54, 55, 76}	Vuoto	{72, 76, 78}	{72, 73, 74, 75, 76, 78}
142	Padre, madre e figlio hanno insieme 119 anni. Le tre età formano rapporti costanti con numeri 8, 7 e 2. Determina le età dei tre componenti della famiglia.	Padre: 30; madre: 25; figlio: 10	Padre: 35; madre: 40; figlio: 10	Padre: 37; madre: 33; figlio: 15	Padre: 56; madre: 49; figlio: 14
143	Sapendo che: <[3/4+(1/2)(1/3)] : (13/2+14/4) = [3+(1/2)^3:5/8] : X>, quanto vale X?	348/13	384/11	384/13	348/11
144	In matematica, se due o più numeri hanno per MCD l'unità, si dicono:	Irrazionali	Indivisibili	Primi	Primi tra loro
145	Dati gli insiemi A = {3, 4, 5, 6, 47}, B = {41, 62, 3, 4, 6, 124}, calcola [(A - B) unito (B-A)].	Vuoto	{5, 47}	{41, 62, 5, 47, 124}	{41, 62, 124}
146	L'intersezione degli insiemi: A = {10, 11, 13}, B = {12, 13, 14}, C = {15, 14, 13} e D = {13, 10, 14} è l'insieme E pari a:	E = {13}	E = {10}	E = {14, 13}	E = vuoto
147	Dati gli insiemi A = {51, 52, 53, 54, 55}, B = {53, 54, 55, 56, 57}, C = {52, 54, 56, 58}, calcola [(A intersezione B) unito C].	{52, 53, 54, 55, 56, 58}	Vuoto	{52, 56, 58}	{52, 53, 54, 55, 56}
148	In una prova d'esame, sostenuta da 75 candidati, è stato richiesto di risolvere 2 problemi; è risultato che: 7 candidati hanno risolto correttamente il primo problema, ma hanno sbagliato il secondo; 56 hanno risolto il secondo ma hanno sbagliato il primo; 4 non hanno risolto né il primo né il secondo problema. Quanti hanno risolto correttamente sia il primo sia il secondo problema?	8	4	2	1
149	Dati gli insiemi A = {3, 4, 5, 6, 17}, B = {31, 92, 3, 4, 6, 123}, calcola [(A - B) unito (B-A)].	Vuoto	{31, 92, 5, 17, 123}	{5, 17}	{31, 92, 123}

#	Domanda	A	B	C	D
150	L'intersezione degli insiemi: A = {16, 26, 36}, B = {26, 36, 46}, C = {46, 56, 36} e D = {56, 36, 66} è l'insieme E, con:	E = {26, 46}	E = vuoto	E = {46}	E = {36}
151	La differenza di due numeri è 6. La somma della metà del minore con il maggiore è 18. Quali sono i due numeri?	11; 14	10; 14	1; 13	8; 14
152	In un'urna ci sono 5 biglie blu e 7 biglie rosse. Se si estraggono a caso due biglie, senza reinserirle, qual è la probabilità che la prima sia blu e la seconda sia rossa?	30/135	35/132	28/132	30/144
153	La differenza di due numeri è 15. La somma della metà del minore con il maggiore è 18. Quali sono i due numeri?	11; 26	2; 17	10; 25	1; 16
154	In una prova d'esame, sostenuta da 160 candidati, è stato richiesto di risolvere 2 problemi; è risultato che: 40 candidati hanno risolto correttamente il primo problema, ma hanno sbagliato il secondo; 60 hanno risolto il secondo ma hanno sbagliato il primo; 40 non hanno risolto né il primo né il secondo problema. Quanti hanno risolto correttamente sia il primo sia il secondo problema?	5	20	15	10
155	Sapendo che: <(3/4-1/6) : 35 = [2+(1/3)^3:5/27] : X>, quanto vale X?	123	122	132	133
156	Facendo acquisti, Elisa ha speso 28 euro meno di Marta. La somma spesa da Elisa è gli 11/18 di quella spesa da Marta. Quanto hanno speso le due amiche?	36;64	44;72	50; 78	43;69
157	In una prova d'esame, sostenuta da 155 candidati, è stato richiesto di risolvere 2 problemi; è risultato che: 45 candidati hanno risolto correttamente il primo problema, ma hanno sbagliato il secondo; 60 hanno risolto il secondo ma hanno sbagliato il primo; 30 non hanno risolto né il primo né il secondo problema. Quanti hanno risolto correttamente sia il primo sia il secondo problema?	10	15	20	5
158	Quanto devo togliere a 100.000 euro affinché la somma rimasta sia in proporzione con quella tolta come 15 sta a 10?	40.000	25.000	35.000	30.000
159	Sapendo che: <(15/28+9/14+X) : X = (9/4-1/2) : {4/7[7/12:(11/12)]+7/11}>, quanto vale X?	13/5	11/7	19/3	17/5
160	Dati gli insiemi A = {18, 28, 38, 48, 58}, B = {38, 48, 58, 68, 78}, C = {28, 48, 68, 88}, calcola [(A intersezione B) unito C].	{28, 38, 48, 58, 68}	{23, 68, 88}	Vuoto	{28, 38, 48, 58, 68, 88}
161	L'intersezione degli insiemi: A = {25, 30, 35}, B = {20, 35, 40}, C = {45, 55, 35} e D = {50, 35, 65} è l'insieme E, con:	E = {20, 25}	E = vuoto	E = {35}	E = {40}
162	Lo spazio percorso da uno sciatore al passare del tempo è espresso dalla formula: $s=1,8t^2$. Quanti secondi sono trascorsi quando lo sciatore ha percorso 180m?	15 secondi	20 secondi	30 secondi	10 secondi
163	Due numeri sono tali che sommando al doppio del primo il secondo si ottiene 20 e sottraendo dal primo il doppio del secondo si ottiene -20. Quali sono i due numeri?	4; 12	4; 3	4; 2	3; 4

#	Domanda				
164	Dati i sottoinsiemi dei numeri naturali A, B e C tali che A contiene tutti i numeri maggiori uguali a 2 e minori uguali a 6, B contiene tutti i divisori di 25 e C contiene tutti i numeri dispari minori uguali di 8, calcola l'insieme intersezione.	Vuoto	{3, 5}	{5}	{3}
165	La differenza di due numeri è 91 e stanno tra loro come 25 sta a 12. Calcola i due numeri.	70; 161	80; 171	175; 84	170; 79
166	Sapendo che: <(3/4+1/6) : 10 = [2+(1/2)^3:5/8] : X>, quanto vale X?	42	24	16	20
167	A un'estrazione del lotto vengono estratti i numeri 4, 7, 85, 60, 74. Quanti ambi si possono formare con i numeri estratti?	2	5	20	10
168	Se compro due biglietti per la partita e uno per il concerto spendo 110 euro. Se invece compro un biglietto per la partita e due per il concerto spendo 100 euro. Quanto costa un biglietto per la partita e quanto costa uno per il concerto?	Partita: 80 euro; Concerto: 120 euro	Partita: 120 euro; Concerto: 80 euro	Partita: 80 euro; Concerto: 60 euro	Partita: 40 euro; Concerto: 30 euro
169	Sapendo che: Y=(2x-6)/(12x-6), per quale coppia di (X;Y) è vera?	(1;1)	(0;3)	(1;3/2)	(0;1)
170	Un cavo lungo 21 metri è stato diviso in due parti. Sapendo che il doppio di una di queste due parti supera l'altra di 7,5 metri, determina le lunghezze delle due parti in cui è stato suddiviso il cavo.	12 metri; 9 metri	11,5 metri; 9,5 metri	14 metri; 8,5 metri	7,5 metri; 13,5 metri
171	Sapendo che: X=Y-Z+1; Z=2X-Y; Y=2X-1, quanto valgono rispettivamente X, Y e Z?	1; 1; 1	-1; 1; -1	-2; 2; -2	2; 2; 2
172	Determinare per quale valore di X la media aritmetica dei tre numeri 2X; 3X; 4X è uguale a 39.	13	11	12	15
173	In una serra le rose rosse superano di 45 unità le rose gialle; sapendo che il rapporto tra rose rosse e rose gialle è 25/20, calcola il numero di rose di ciascun colore.	245 rosse; 100 gialle	254 rosse; 209 gialle	225 rosse; 180 gialle	200 rosse; 55 gialle
174	Calcola il valore di X e Y della proporzione <X : Y = 15 : 7> sapendo che X+Y= 374.	316; 146	320; 142	255; 119	330; 132
175	Il menù di una trattoria consiste di 6 primi, 4 secondi e 3 dessert. Quante combinazioni possibili di pranzi completi distinti offre la trattoria?	13	72	70	54
176	Sapendo che: Y=(2x-6)/(12x-6), per quale coppia di (X;Y) è vera?	(10;3/2)	(1;10)	(10;7/57)	(10;3)
177	Se compro due biglietti per la partita e uno per il concerto spendo 280 euro. Se invece compro un biglietto per la partita e due per il concerto spendo 320 euro. Quanto costa un biglietto per la partita e quanto costa uno per il concerto?	Partita: 120 euro; Concerto: 80 euro	Partita: 80 euro; Concerto: 100 euro	Partita: 80 euro; Concerto: 60 euro	Partita: 80 euro; Concerto: 120 euro
178	Determinare per quale valore di X la media aritmetica dei tre numeri 2X; 3X; 4X è uguale a 54.	17	19	16	18
179	Quanti sono i possibili anagrammi dalla parola "MAMMA"?	5	15	20	10
180	Il comandante di un plotone di 10 soldati deve garantire un turno di guardia all'ingresso principale, all'armeria, all'autorimessa e all'ingresso secondario. In quanti modi diversi può disporre i suoi uomini?	11*10*9*8	10*9*8*7	12*11*10	10*9*8
181	Sapendo che: Y=(2x-6)/(12x-6), per quale coppia di (X;Y) è vera?	(7;39)	(6;1/11)	(1;3/2)	(6;3)

#	Domanda	A	B	C	D
182	Due amici hanno eseguito un lavoro e devono dividersi il denaro ricavato nel rapporto di 4 a 5. Se uno di essi ha avuto 40 euro più dell'altro, quanto ha riscosso ciascuno?	145 euro; 180 euro	130 euro; 170 euro	120 euro; 155 euro	160 euro; 200 euro
183	In una serra le rose rosse superano di 45 unità le rose gialle; sapendo che il rapporto tra rose rosse e rose gialle è 17/12, calcola il numero di rose di ciascun colore.	154 rosse; 109 gialle	153 rosse; 108 gialle	100 rosse; 55 gialle	145 rosse; 100 gialle
184	Zaccaria compra 4 penne e 6 quaderni e spende 19 euro. Rachele compra 2 penne e 4 quaderni dello stesso tipo e spende 11 euro. Quanto costa una penna e quanto costa un quaderno?	Penna = 2,50 euro; quaderno = 1,50 euro	Penna = 1 euro; quaderno = 2,50 euro	Penna = 2 euro; quaderno = 2,50 euro	Penna = 2 euro; quaderno = 1,50 euro
185	Calcolare i valori delle incognite: X : 8 = Y : 36 = Z : 18 sapendo che X + Y + Z = 279.	X = 46; Y = 162; Z = 71	X = 36; Y = 162; Z = 81	X = 162; Y = 26; Z = 91	X = 36; Y = 152; Z = 91
186	Calcola il valore di X e Y della proporzione <X : Y = 15 : 7 > sapendo che X+Y= 396.	330; 132	300; 140	270; 126	255; 119
187	Il comandante di un plotone di 11 soldati deve garantire un turno di guardia all'ingresso principale, all'armeria, all'autorimessa e all'ingresso secondario. In quanti modi diversi può disporre i suoi uomini?	10*9*8	12*11*10	11*10*9	11*10*9*8
188	Quante stringhe di 4 cifre, tutte pari, 0 compreso, senza ripetizione, si possono scrivere?	25	120	5	625
189	Sapendo che: <(9+X) : X = 59 : 50>, quanto vale X?	20	10	25	50
190	Sapendo che: <3 : 2 = (20-X) : X>, quanto vale X?	10	7	8	4
191	Quante stringhe di 5 cifre, tutte pari, 0 compreso, senza ripetizione, si possono scrivere?	25	120	625	5
192	Sapendo che: <9 : 4 = X : (13-X)>, quanto vale X?	9	8	10	3
193	Calcola il valore di X e Y della proporzione <X : Y = 15 : 7 > sapendo che X+Y= 440	320; 142	316; 146	300; 140	330; 132
194	In una serra le margherite superano di 45 unità le rose; sapendo che il rapporto tra margherite e rose è 16/11, calcola il numero dei fiori.	154 margherite; 109 rose	144 margherite; 99 rose	100 margherite; 55 rose	145 margherite; 100 rose
195	Sapendo che: Y=3x/(x+3), per quale coppia di (X;Y) è vera?	(4;27/4)	(5;15/2)	(0;3)	(5;15/8)
196	Sapendo che: <X : (7-X) = 9 : 12>, quanto vale X?	12	4	3	7
197	Sapendo che: <(6+X) : X = 62 : 50>, quanto vale X?	10	25	5	20
198	Due amici hanno eseguito un lavoro e devono dividersi il denaro ricavato nel rapporto di 4 a 5. Se uno di essi ha avuto 50 euro più dell'altro, quanto ha riscosso ciascuno?	100 euro; 150 euro	145 euro; 180 euro	125 euro; 175 euro	200 euro; 250 euro
199	Sapendo che X+Y=10; Y+Z=19 e X+Z=11 quanto vale X+Y+Z?	10	20	19	16
200	Un cavo lungo 18 metri è stato diviso in due parti. Sapendo che il doppio di una di queste due parti supera l'altra di 7,5 metri, determina le lunghezze delle due parti in cui è stato suddiviso il cavo.	7 metri; 5 metri	5 metri; 6,5 metri	4,5 metri; 8 metri	9,5 metri; 8,5 metri

#	Domanda	A	B	C	D
201	Michele compra 4 penne e 6 quaderni e spende 18 euro. Cecilia compra 2 penne e 4 quaderni dello stesso tipo e spende 12 euro. Quanto costa una penna e quanto costa un quaderno?	Penna = 1 euro; quaderno = 2,50 euro	Penna = 3 euro; quaderno = 0 euro	Penna = 0 euro; quaderno = 3 euro	Penna = 2 euro; quaderno = 2,50 euro
202	Sapendo che: $X=Y-Z+1$; $Z=2X-Y$; $Y=X-1$, quanto valgono rispettivamente X, Y e Z?	-1; -2; 1	-3; -2; 1	1; -2; 0	-1; -2; 0
203	Sapendo che: $Y=(x^2-4)/(5)-1$, per quale coppia di (X;Y) è vera?	(3;1)	(-3;2)	(-3;0)	(2;0)
204	Alessandro, partendo per una gita, porta con sé quattro magliette di colore diverso, due giacche e tre paia di pantaloni. In quanti modi diversi può vestirsi Alessandro?	9	32	20	24
205	Sapendo che: $<5:7 = (20-X):X>$, quanto vale X?	35/6	3/2	33/2	35/3
206	Il comandante di un plotone di 9 soldati deve garantire un turno di guardia all'ingresso principale, all'armeria, all'autorimessa e all'ingresso secondario. In quanti modi diversi può disporre i suoi uomini?	3024	504	5040	302
207	Un cavo lungo 15 metri è stato diviso in due parti. Sapendo che il doppio di una di queste due parti supera l'altra di 7,5 metri, determina le lunghezze delle due parti in cui è stato suddiviso il cavo.	4,5 metri; 8 metri	7,5 metri; 7,5 metri	7 metri; 5,5 metri	5,5 metri; 6,5 metri
208	Sapendo che: $Y=-4x-1/2$, per quale coppia di (X;Y) è vera?	(2;0)	(-1/2;3/2)	(1/2;4/7)	(-1;-2)
209	Calcola il valore di X e Y della proporzione $<X:Y = 15:7>$ sapendo che $X+Y= 484$.	300; 140	255; 119	330; 132	330; 154
210	Il comandante di un plotone di 15 soldati deve garantire un turno di guardia all'ingresso principale, all'armeria, all'autorimessa e all'ingresso secondario. In quanti modi diversi può disporre i suoi uomini?	12*11*10*9	11*10*9*8	15*10*9	15*14*13*12
211	Sapendo che: $Y=-4x^2+2x$, per quale coppia di (X;Y) è vera?	(1/4;1/4)	(-1/4;0)	(1;2)	(-1;2)
212	Gianluca compra 4 penne e 6 quaderni e spende 18 euro. Guia compra 2 penne e 4 quaderni dello stesso tipo e spende 10 euro. Quanto costa una penna e quanto costa un quaderno?	Penna = 1 euro; quaderno = 1,50 euro	Penna = 3 euro; quaderno = 1 euro	Penna = 2 euro; quaderno = 2,50 euro	Penna = 2 euro; quaderno = 3 euro
213	Sapendo che: $Y=(x^2-4)/(5)-1$, se $X=-1/2$ quanto vale Y?	4/7	-7/4	-2	0
214	Sapendo che: $Y=(x^2-4)/(5)-1$, per quale coppia di (X;Y) è vera?	(-1;8/5)	(-1;-2)	(2;0)	(1;-8/5)
215	Quanti sono i possibili anagrammi dalla parola "MATEMATICA"?	151200	120000	121500	150000
216	Una password è formata da 3 caratteri, che possono essere cifre da 0 a 9 o lettere minuscole dell'alfabeto italiano composto da 5 vocali e 16 consonanti. Inoltre cifre e lettere non possono essere ripetuti. Quante password di questo tipo si possono generare?	30*29*28	31*30*29	30*29*27	31*30*27
217	In un gruppo di 200 persone 99 portano il cappello, 66 portano i guanti, delle quali 33 portano sia i guanti sia il cappello. Quante di loro non portano né i guanti né il cappello?	86	98	68	2
218	Sapendo che: $<3:2 = (25-X):X>$, quanto vale X?	10	7	6	5
219	Sapendo che: $X=Y-Z-1$; $Z=2X-Y$; $Y=2X+1$, quanto valgono rispettivamente X, Y e Z?	1; -1; 1	1; 1; 1	-1; 1; -1	-1; -1; -1

#	Domanda	A	B	C	D
220	Sapendo che: Y=3x/(x+3), per quale coppia di (X;Y) è vera?	(6;3)	(6;2)	(7;39)	(1;3/2)
221	Sapendo che: X=Y-Z+1; Z=2X-Y; Y=X+1, quanto valgono rispettivamente X, Y e Z?	-3; 4; 2	3; 4; 2	-3; -4; -2	3; 4; 1
222	Alessandro, partendo per una gita, porta con sé sei magliette di colore diverso, due giacche e sette paia di pantaloni. In quanti modi diversi può vestirsi Alessandro?	85	16	84	18
223	Sapendo che: <(12+X) : X = 74 : 50>, quanto vale X?	25	20	50	10
224	Se compro due biglietti per la partita e uno per il concerto spendo 125 euro. Se invece compro un biglietto per la partita e due per il concerto spendo 100 euro. Quanto costa un biglietto per la partita e quanto costa uno per il concerto?	Partita: 80 euro; Concerto: 60 euro	Partita: 80 euro; Concerto: 120 euro	Partita: 120 euro; Concerto: 80 euro	Partita: 50 euro; Concerto: 25 euro
225	Alessandro, partendo per una gita, porta con sé cinque magliette di colore diverso, due giacche e tre paia di pantaloni. In quanti modi diversi può vestirsi Marco?	32	10	16	30
226	Quanti anagrammi che iniziano con la lettera "Q" possono essere composti dalla parola "QUANDO"?	120	720	144	50
227	Sapendo che: Y=3x/(x+3), per quale coppia di (X;Y) è vera?	(9;9/4)	(9;3/2)	(1;1)	(3;3)
228	Determinare per quale valore di X la media aritmetica dei tre numeri 2X; 3X; 4X è uguale a 27.	9	11	8	10
229	Sapendo che: Y=(2x-6)/(12x-6), per quale coppia di (X;Y) è vera?	(4;1/21)	(1;1)	(4;1/14)	(4;1/7)
230	Quanti sono i possibili anagrammi dalla parola "ACQUA"?	20	150	120	60
231	Sapendo che: Y=3x/(x+3), per quale coppia di (X;Y) è vera?	(0;3)	(1;2)	(1;1)	(3;3/2)
232	Sapendo che: <3 : 4 = (21-X) : X>, quanto vale X?	6	24	7	12
233	Sapendo che: <X : (11-X) = 9 : 24>, quanto vale X?	9	6	4	3
234	In un gruppo di 430 persone 290 portano il cappello, 350 portano i guanti, delle quali 278 portano sia i guanti sia il cappello. Quante di loro non portano né i guanti né il cappello?	86	120	68	488
235	Alessandro compra 4 penne e 6 quaderni e spende 18 euro. Maurizio compra 2 penne e 4 quaderni dello stesso tipo e spende 11 euro. Quanto costa una penna e quanto costa un quaderno?	Penna = 2 euro; quaderno = 1,50 euro	Penna = 2 euro; quaderno = 2,50 euro	Penna = 1 euro; quaderno = 2,50 euro	Penna = 1,50 euro; quaderno = 2 euro
236	Quante sequenze numeriche di 4 cifre, tutte pari, 0 compreso, si possono scrivere?	625	125	5	120
237	Sapendo che: Y=2x^2+1, se X=-1/2 quanto vale Y?	3/2	4/7	0	-2
238	Calcola il valore di X e Y della proporzione <X : Y = 15 : 7> sapendo che X+Y= 418.	230; 132	285; 133	320; 142	316; 146
239	Sapendo che: Y=(x^2-4)/(5)-1, per quale coppia di (X;Y) è vera?	(1/2;4/7)	(2;0)	(-1;-2)	(-1/2;-7/4)
240	Quanti anagrammi che iniziano con la lettera "Q" possono essere composti dalla parola "QUADRO"?	144	60	720	120
241	Sapendo che: <X : (4-X) = 9 : 9>, quanto vale X?	2	8	4	1

242	Due amici hanno eseguito un lavoro e devono dividersi il denaro ricavato nel rapporto di 4 a 5. Se uno di essi ha avuto 20 euro più dell'altro, quanto ha riscosso ciascuno?	130 euro; 150 euro	145 euro; 180 euro	80 euro; 100 euro	120 euro; 155 euro
243	Il menù di una trattoria consiste di 4 primi, 3 secondi e 2 dessert. Quante combinazioni possibili di pranzi completi distinti offre la trattoria?	25	9	12	24
244	Sapendo che: <9 : 10 = X : (19-X)>, quanto vale X?	5	10	9	3
245	Sapendo che: Y=3x/(x+3), per quale coppia di (X;Y) è vera?	(1;3/4)	(0;3)	(1;1)	(0;1)
246	Due amici hanno eseguito un lavoro e devono dividersi il denaro ricavato nel rapporto di 4 a 5. Se uno di essi ha avuto 30 euro più dell'altro, quanto ha riscosso ciascuno?	120 euro; 150 euro	145 euro; 180 euro	120 euro; 155 euro	140 euro; 170 euro
247	Una password è formata da 4 caratteri, che possono essere cifre da 1 a 9 o lettere minuscole dell'alfabeto italiano composto da 5 vocali e 16 consonanti. Inoltre cifre e lettere non possono essere ripetuti. Quante password di questo tipo si possono generare?	31*30*29*28	31*30*29	30*29*28	30*29*28*27
248	Il menù di una trattoria consiste di 5 primi, 4 secondi e 3 dessert. Quante combinazioni possibili di pranzi completi distinti offre la trattoria?	30	12	60	15
249	Sapendo che: <7 : 35 = X : (6-X)>, quanto vale X?	1	2	7	6
250	Sapendo che X+Y=8; Y+Z=17 e X+Z=9 quanto vale X+Y+Z?	16	19	17	10

#	Ans	#	Ans	#	Ans	#	Ans	#	Ans	#	Ans	#	Ans	#	Ans	#	Ans
1	D	29	B	57	D	85	A	113	D	141	D	169	D	197	B	225	D
2	C	30	D	58	B	86	A	114	B	142	D	170	B	198	D	226	B
3	A	31	A	59	C	87	B	115	B	143	B	171	A	199	B	227	A
4	B	32	B	60	D	88	A	116	C	144	D	172	A	200	D	228	A
5	C	33	C	61	B	89	D	117	B	145	C	173	C	201	C	229	A
6	B	34	D	62	C	90	A	118	C	146	A	174	C	202	D	230	D
7	D	35	D	63	C	91	A	119	A	147	A	175	B	203	C	231	D
8	C	36	D	64	B	92	B	120	D	148	A	176	C	204	D	232	D
9	B	37	D	65	D	93	D	121	B	149	B	177	D	205	D	233	D
10	C	38	B	66	D	94	D	122	D	150	D	178	D	206	A	234	C
11	D	39	B	67	D	95	D	123	C	151	D	179	D	207	B	235	D
12	B	40	B	68	A	96	C	124	D	152	B	180	B	208	B	236	A
13	C	41	C	69	A	97	B	125	D	153	B	181	B	209	D	237	A
14	D	42	B	70	D	98	C	126	C	154	B	182	D	210	D	238	B
15	D	43	B	71	B	99	D	127	C	155	C	183	B	211	A	239	D
16	A	44	B	72	C	100	C	128	A	156	B	184	A	212	B	240	D
17	B	45	A	73	C	101	C	129	B	157	C	185	B	213	B	241	A
18	D	46	B	74	D	102	D	130	B	158	A	186	C	214	D	242	C
19	A	47	B	75	C	103	C	131	C	159	B	187	D	215	A	243	D
20	B	48	A	76	C	104	D	132	B	160	D	188	B	216	B	244	C
21	C	49	D	77	D	105	B	133	D	161	C	189	D	217	C	245	A
22	D	50	C	78	A	106	D	134	A	162	D	190	C	218	A	246	A
23	B	51	D	79	D	107	B	135	D	163	A	191	B	219	D	247	D
24	A	52	D	80	D	108	D	136	C	164	C	192	A	220	B	248	C
25	D	53	A	81	C	109	A	137	D	165	C	193	C	221	B	249	A
26	D	54	B	82	D	110	A	138	D	166	B	194	B	222	C	250	C
27	D	55	D	83	A	111	B	139	B	167	D	195	D	223	A		
28	A	56	A	84	B	112	B	140	D	168	D	196	C	224	D		

GEOMETRIA
TEST A RISPOSTA MULTIPLA

N.	Domanda	A	B	C	D
1	Il perimetro del rettangolo avente la base lunga 14 mm e l'altezza pari a 11 mm, misura:	50 mm	56 mm	52 mm	42 mm
2	Indicare quale/quali proprietà possiedono i quadrilateri, in quanto poligoni.	Tra le altre, tutte quelle elencate nelle altre alternative di risposta	Ogni lato è minore della somma degli altri tre	Hanno 1 diagonale che esce da un vertice	Hanno 2 diagonali
3	La superficie costituita dai punti della circonferenza e dai punti interni ad essa è definita:	Cerchio	Corda	Raggio	Curva
4	La parte di retta limitata da due suoi punti detti estremi si definisce:	Segmento	Semiretta	Spezzata	Indifferentemente segmento o semiretta
5	Indicare il corretto risultato dell'operazione: 122° 37' 14" - 57° 22' 38", riducendo, se necessario, a forma normale il risultato.	45° 14' 26"	65° 14' 36"	57° 14' 36"	55° 34' 46"
6	Quale tra le seguenti affermazioni sui poligoni è ERRATA?	Ogni poligono si dice equilatero se ha tutti i lati congruenti	Il trapezio non è un poligono	Ciascun lato di un poligono è minore della somma di tutti gli altri lati	L'esagono è un poligono di 6 lati
7	Calcolare l'area di un cerchio di diametro 18 cm.	18 π cm²	81 π cm²	82 π cm²	78 π cm²
8	Determinare l'area di un cerchio sapendo che il suo raggio misura 12 m.	112 π m²	154 π m²	144 π m²	94 π m²
9	Calcolare l'area del quadrato costruito sull'ipotenusa di un triangolo rettangolo con cateti lunghi 3 cm e 5 cm	34 cm²	28 cm²	35 cm²	25 cm²
10	Un megagrammo (o tonnellata) equivale a:	10 kg	100 kg	10000 kg	1000 kg
11	Il raggio nel cerchio:	É sempre la metà del diametro	É sempre uguale al diametro	É sempre il doppio del diametro	Viene anche denominato arco
12	12 m² e 50 dm² =.	12,5 m²	1,25 m²	0,125 m²	125 m²
13	Un triangolo equilatero ha:	Tutti i lati disuguali	Tutti i lati e tutti gli angoli uguali	Solo due angoli uguali	Solo due lati uguali
14	Calcolare la misura del perimetro del parallelogramma avente la base lunga 5 cm ed il lato obliquo pari a 4 cm.	19 cm	21 cm	18 cm	16 cm
15	Due angoli opposti al vertice:	Sono congruenti	Non sono congruenti	Se si sovrappongono non coincidono	Sono sempre complementari
16	Quale dei seguenti valori approssima meglio l'angolo di 1 radiante?	90 gradi	1/π gradi	30 gradi	60 gradi
17	Indicare il corretto risultato dell'operazione: 113° 14' 18" - 28° 8' 12", riducendo, se necessario a forma normale il risultato.	67° 8' 6"	93° 16' 6"	75° 6' 6"	85° 6' 6"
18	Un angolo minore di un angolo retto:	Misura 360°	Si dice acuto	Si dice ottuso	Misura più di 90°
19	Calcolare l'area di un triangolo rettangolo sapendo che il cateto minore e l'ipotenusa misurano rispettivamente 6 cm e 10 cm.	24 cmq	12 cmq	60 cmq	36 cmq
20	Calcolare la misura del perimetro del parallelogramma avente la base lunga 7 cm ed il lato obliquo pari a 5 cm.	22 cm	26 cm	28 cm	24 cm
21	Quanto misurano gli angoli di un triangolo equilatero?	90°	45°	35°	60°
22	Il perimetro del triangolo avente il lato "l" lungo 61 mm, i lati "l'" ed "l''" lunghi rispettivamente: "l'" = 73 mm e "l''" = 65 mm , misura:	219 mm	238 mm	257 mm	199 mm
23	304 cm è il valore del perimetro del quadrato avente il lato pari a:	86 cm	76 cm	92 cm	68 cm
24	Un angolo maggiore di un angolo retto:	Si dice acuto	Misura 90°	Si dice ottuso	Misura meno di 90°

#	Domanda	A	B	C	D
25	Il perimetro del triangolo avente il lato "l" lungo 65 mm, i lati "l'" ed "l''" lunghi rispettivamente: "l'" = 77 mm e "l''" = 69 mm, misura:	211 mm	189 mm	231 mm	253 mm
26	Sapendo che le ampiezze di due angoli di un triangolo sono 50° 12' e 61° 20' calcolare l'ampiezza del terzo angolo.	68° 28'	69° 28'	68° 18'	67° 28'
27	Il sistema Internazionale di unità:	Identifica tre grandezze fondamentali: lunghezza, massa, tempo	Identifica cinque grandezze fondamentali: lunghezza, massa, tempo, quantità di materia e intensità luminosa	Identifica sette grandezze fondamentali: lunghezza, massa, tempo, intensità di corrente elettrica, temperatura termodinamica, quantità di materia e intensità luminosa	Identifica quattro grandezze fondamentali: lunghezza, massa, tempo, intensità di corrente elettrica
28	Quale è il risultato in m (metri) della seguente operazione: 38 cm + 4 m + 5 dam + 72 dm.	72,08 m	61,58 m	51,47 m	62,68 m
29	Indicare l'equivalenza corretta fra quelle proposte.	390 hg = 3,9 kg	72 kg = 7200 hg	72 kg = 720 hg	390 hg = 0,39 kg
30	Un rettangolo ha una dimensione che misura 18 cm e l'altra che è i 2/3 della prima. Quanto misura il perimetro del rettangolo?	62 cm	65 cm	60 cm	58 cm
31	Se si sommano due angoli il primo con ampiezza 79° 48' 5" e il secondo con ampiezza 100° 11' 55" si ottiene un angolo piatto. Quindi i due angoli sono:	Supplementari	Esplementari	Complementari	Acuti
32	Se i cateti di un triangolo rettangolo misurano 15 cm e 20 cm, quanto misura l'ipotenusa?	27 cm	24 cm	26 cm	25 cm
33	La somma degli angoli interni di un triangolo è pari a:	Il doppio di un angolo giro	Un angolo giro	Un angolo piatto	Un angolo retto
34	Se due triangoli sono simili tra loro:	Devono necessariamente essere congruenti	Hanno necessariamente gli angoli uguali	Non devono necessariamente avere gli angoli uguali	Hanno necessariamente i lati uguali
35	Determinare la misura di una circonferenza sapendo che il suo raggio misura 54 cm.	126 π cm	168 π cm	216 π cm	108 π cm
36	Se i cateti di un triangolo rettangolo misurano 6 cm e 8 cm, quanto misura l'ipotenusa?	13 cm	11 cm	10 cm	12 cm
37	Indicare la risposta corretta. Dato un parallelogramma ABCD, se raddoppi la lunghezza di tutti i suoi lati (senza cambiarne la forma):	Il perimetro duplica e l'area quadruplica	Il perimetro e l'area sono il doppio del valore di partenza	Il perimetro raddoppia e l'area triplica	Il perimetro si dimezza e l'area raddoppia
38	In un triangolo rettangolo, l'ipotenusa è:	L'angolo opposto al lato obliquo	L'angolo retto	Il lato opposto all'angolo retto	Il lato adiacente all'angolo retto
39	Il perimetro del rettangolo avente la base lunga 11 mm e l'altezza pari a 13 mm, misura:	48 mm	84 mm	28 mm	26 mm
40	7 l e 6 dl =.	0,76 l	76 l	760 l	7,6 l
41	1 dm³ equivale a:	0,01 m³	0,0001 m³	0,001 m³	0,001 m²
42	Qual è la formula per trovare l'area del cerchio?	$A = \pi \cdot d^2$	$A = \pi \cdot \sqrt{d}$	$A = 2 \cdot \pi \cdot r^2$	$A = \pi \cdot r^2$
43	1) I lati opposti sono paralleli e congruenti. 2) Gli angoli opposti sono congruenti. 3) Gli angoli adiacenti sono supplementari. Quali tra quelle proposte sono proprietà dei parallelogrammi?	Solo quelle indicate ai punti 2) e 3)	Solo quelle indicate ai punti 1) e 3)	Solo quelle indicate ai punti 1) e 2)	Tutte quelle indicate
44	Indicare il corretto risultato dell'operazione: 51° 27' 15" + 12° 42' 52", riducendo, se necessario, a forma normale il risultato.	62° 12' 17"	64° 10' 7"	44° 2' 7"	74° 10' 7"

#	Domanda	A	B	C	D
45	Determinare l'area di un cerchio sapendo che il suo raggio misura 0,8 m.	0,64 π m²	0,72 π m²	0,50 π m²	0,94 π m²
46	9,4 m² =.	9 m² e 4 dm²	9 m² e 40 dm²	9 m² e 40 dm	9 m e 40 dm²
47	Calcolare la misura del perimetro del parallelogramma avente la base lunga 6 cm ed il lato obliquo pari a 4,5 cm.	21 cm	25 cm	23 cm	18 cm
48	Sapendo che l'ipotenusa ed un cateto di un triangolo rettangolo misurano rispettivamente 15 cm e 9 cm, calcolare il valore del perimetro.	35 cm	34 cm	36 cm	37 cm
49	Un rettangolo non ha ...	Tutti gli angoli uguali	I lati paralleli a due a due	Le diagonali perpendicolari	Le diagonali uguali
50	Indicare la corretta affermazione riguardo al trapezio.	È un quadrilatero che ha due lati opposti uguali	I lati non paralleli vengono chiamati base maggiore e base minore	I lati paralleli sono chiamati lati obliqui	Gli angoli adiacenti alla base minore vengono chiamati angoli alla base
51	Con riferimento alle proprietà del rombo, indicare l'affermazione non corretta.	Le diagonali di un rombo sono bisettrici degli angoli interni	In un rombo gli angoli opposti sono congruenti e gli angoli consecutivi sono supplementari	Ciascuna diagonale divide il rombo in due triangoli scaleni	Un rombo è un parallelogramma con i lati opposti congruenti
52	1 dam² equivale a:	0,1 m²	10 m²	1000 m²	100 m²
53	Il perimetro del triangolo avente il lato "l" lungo 66 mm, i lati "l'" ed "l''" lunghi rispettivamente: "l'" = 78 mm e "l''" = 70 mm , misura:	214 mm	278 mm	234 mm	258 mm
54	Calcolare l'area del quadrato costruito sull'ipotenusa di un triangolo rettangolo con cateti lunghi 2 cm e 5 cm.	29 cm²	35 cm²	25 cm²	19 cm²
55	In un triangolo rettangolo l'ipotenusa e un cateto misurano rispettivamente 35 cm e 28 cm. Calcolare il perimetro del triangolo.	84 cm	86 cm	85 cm	83 cm
56	Ciascuna delle due parti in cui una retta rimane divisa da un suo punto si definisce:	Spezzata chiusa	Segmento	Semiretta	Spezzata aperta
57	Calcolare l'area del quadrato costruito sull'ipotenusa di un triangolo rettangolo con cateti lunghi 3 cm e 4 cm.	35 cm²	25 cm²	30 cm²	20 cm²
58	1) Le diagonali sono bisettrici degli angoli. 2) Le diagonali sono perpendicolari tra loro. 3) I quattro lati sono congruenti fra loro. Quali tra quelle proposte sono proprietà riferibili a un rombo?	Solo quelle indicate ai punti 2) e 3)	Solo quelle indicate ai punti 1) e 3)	Solo quelle indicate ai punti 1) e 2)	Tutte quelle indicate
59	Un triangolo i cui lati misurano 4 cm, 6 cm e 4 cm è:	Scaleno rettangolo	Equilatero	Scaleno	Isoscele
60	Se i cateti di un triangolo rettangolo misurano 12 cm e 16 cm, quanto misura l'ipotenusa?	19 cm	20 cm	21 cm	22 cm
61	Due angoli si dicono complementari se la loro somma è:	Un angolo piatto	Un angolo acuto	Un angolo retto	Un angolo giro
62	Indicare la corretta affermazione riguardo al trapezio isoscele.	Gli angoli adiacenti alla base minore sono congruenti e acuti	I lati obliqui non sono congruenti	I lati obliqui sono congruenti	Gli angoli adiacenti alla base maggiore sono congruenti e ottusi
63	Il perimetro del rettangolo avente la base lunga 9 mm e l'altezza pari a 12 mm, misura:	24 mm	62 mm	28 mm	42 mm
64	Calcolare la misura del perimetro del parallelogramma avente la base lunga 4 cm ed il lato obliquo pari a 3,5 cm.	16 cm	15 cm	18 cm	13 cm
65	Indicare il corretto risultato dell'operazione: 23° 12' 50" + 42° 15' 10", riducendo, se necessario, a forma normale il risultato.	55° 08'	75° 28'	65° 28'	85° 18'

66	308 cm è il valore del perimetro del quadrato avente il lato pari a:	87 cm	77 cm	101 cm	94 cm
67	Qual è la formula per trovare la misura della circonferenza?	C = π/diametro	C = π · diametro	C = (π · diametro)/2	C = diametro/π
68	Calcolare l'area di un cerchio di diametro 14 cm.	40 π cm²	49 π cm²	44 π cm²	14 π cm²
69	Se si sommano due angoli il primo con ampiezza 137° 53' 55" e il secondo con ampiezza 222° 6' 5" si ottiene un angolo giro. Quindi i due angoli sono:	Supplementari	Acuti	Complementari	Esplementari
70	Sapendo che i cateti di un triangolo rettangolo misurano rispettivamente 12 cm e 9 cm, calcolare il valore dell'ipotenusa.	13 cm	12 cm	11 cm	15 cm
71	300 cm è il valore del perimetro del quadrato avente il lato pari a:	75 cm	90 cm	67 cm	82 cm
72	Il cerchio è:	L'insieme dei punti del piano che sono ugualmente distanti da un punto fisso detto centro	La parte di piano costituita dalla circonferenza e dai punti interni ad essa	Una linea curva chiusa formata dall'insieme dei punti di un piano che hanno distanza diversa da un punto fisso di tale piano detto centro	Una figura solida
73	Qual è l'ampiezza del terzo angolo di un triangolo avente gli altri due di 155° e 40°?	25°	5°	Il triangolo non può esistere	15°
74	Con riferimento alle ampiezze degli angoli, indicare la corretta uguaglianza.	420' = 7°	420' = 8°	480" = 8°	480" = 7'
75	Un rettangolo ha l'area di 180 cm². Qual è la base di un rettangolo equivalente alla metà del primo e la cui altezza è 12 cm?	7,5 cm	4,8 cm	11,2 cm	5,9 cm
76	Calcolare il numero dei lati del poligono la cui somma degli angoli interni è 2520°.	20	16	18	14
77	Quanto misurano gli angoli che le diagonali di un quadrato formano con i lati?	50°	65°	45°	30°
78	Determinare l'area di un cerchio sapendo che il suo raggio misura 32 cm.	512 π cm²	1024 π cm²	878 π cm²	1256 π cm²
79	Calcolare l'area di un cerchio di diametro 9 cm.	20,25 π cm²	18,50 π cm²	9 π cm²	22,25 π cm²
80	Per un punto:	Passa una sola retta	Non passa alcuna retta	Non passa alcun piano	Passano infinite rette
81	Se si sommano due angoli il primo con ampiezza 100° 17' 36" e il secondo con ampiezza 79° 42' 24" si ottiene un angolo piatto. Quindi i due angoli sono:	Supplementari	Acuti	Esplementari	Complementari
82	Due rette sono perpendicolari:	Se dividono il piano in quattro angoli retti	Se ogni punto dell'una coincide con un punto dell'altra	Se non hanno alcun punto in comune	Se sono anche parallele
83	Il rombo è ...	Un parallelogrammo che ha i quattro lati e i quattro angoli uguali	Un parallelogrammo che ha i quattro lati uguali	Un poligono con almeno cinque lati	Un quadrilatero che ha sempre le diagonali uguali
84	Siano AB, BC e AC le misure dei lati di un triangolo qualunque. Siano, inoltre: AB = AC + 4 e BC = AB - 2. Quanto sono lunghi i lati del triangolo, sapendo che il suo perimetro è pari a 30 cm?	AB = 12; BC = 8 e AC = 10	AB = 14; BC = 10 e AC = 6	AB = 12; BC = 10 e AC = 8	AB = 10; BC = 12 e AC = 8
85	I cateti di un triangolo rettangolo stanno tra loro come 3 sta a 10 e la loro somma misura 91 cm. Calcola l'area del triangolo.	735 cm^2	753 cm^2	700 cm^2	750 cm^2

#	Domanda	A	B	C	D
86	La circonferenza è:	Una linea curva chiusa formata dall'insieme dei punti di un piano che hanno distanza diversa da un punto fisso di tale piano detto centro	L'insieme dei punti del piano che sono ugualmente distanti da un punto fisso detto centro	L'insieme dei punti del piano che hanno distanza diversa da un punto fisso detto centro	La parte di piano limitata da una curva chiusa e dai punti interni ad essa
87	Calcolare la misura del perimetro di un poligono la cui area è 8.400 cm², circoscritto a una circonferenza di 35 cm di raggio.	560 cm	620 cm	480 cm	840 cm
88	Calcolare l'area laterale di un parallelepipedo, sapendo che l'area totale è di 128 m² e l'area di una base 25 m².	131 m²	129 m²	78 m²	142 m²
89	Di seguito sono proposti alcuni principi sulla retta e le sue parti. Indicare quale tra essi è ERRATO.	Due rette parallele appartengono ad uno stesso piano e non hanno alcun punto in comune	Due rette si dicono perpendicolari se appartengono allo stesso piano e non hanno alcun punto in comune	Per un punto passano infinite rette	Un segmento è la parte di retta delimitata da due suoi punti che si dicono estremi del segmento
90	Noto il peso (P) e il peso specifico (ps) di un corpo, la formula per calcolarne il volume (V) è:	V = P / ps	V = P - ps	V = P + ps	V = P x ps
91	Un triangolo è circoscritto a una circonferenza di raggio 2,5 cm. Calcolare l'area del triangolo, sapendo che i lati misurano 7 cm, 12 cm, 11 cm.	57,5 cm²	37,5 cm²	47,5 cm²	75 cm²
92	Indicare quale principio sui triangoli è corretto.	La somma degli angoli interni di un triangolo è sempre di 360°	Un triangolo che ha i tre lati disuguali si dice isoscele	Con tre listelli lunghi rispettivamente 6 cm, 12 cm e 20 cm è possibile costruire un triangolo	La somma di due angoli di ogni triangolo è minore di un angolo piatto
93	Di seguito sono proposti alcuni principi sui triangoli. Indicare quale tra essi è CORRETTO.	Se un triangolo è equilatero è anche equiangolo, ha cioè gli angoli uguali e viceversa	Con tre listelli lunghi rispettivamente 3 cm, 6 cm e 10 cm si costruisce un triangolo isoscele	Un triangolo che ha i tre lati disuguali si dice equilatero	La somma degli angoli interni di un triangolo rettangolo è uguale ad un angolo retto
94	Calcolare la misura della circonferenza sapendo che a un angolo al centro di 18° corrisponde un arco di 56 mm.	1.120 mm	980 mm	1.080 mm	1.220 mm
95	In un rombo la diagonale minore misura 3 cm e la maggiore è il quintuplo della minore. Calcolare l'area.	20 cm²	22,5 cm²	22 cm²	20,5 cm²
96	I cateti di un triangolo rettangolo stanno tra loro come 8 sta a 9 e la loro somma misura 85 cm. Calcola l'area del triangolo.	1000 cm^2	850 cm^2	950 cm^2	900 cm^2
97	Una diagonale di un rombo circoscritto a una circonferenza misura 42 cm ed è 3/4 dell'altra. Calcolare l'area del rombo.	1.176 cm²	984 cm²	1.248 cm²	1.192 cm²
98	Di seguito sono proposti alcuni principi sui triangoli. Indicare quale tra essi è ERRATO.	Le tre mediane di ogni triangolo passano tutte per uno stesso punto detto incentro del triangolo	Con tre listelli lunghi rispettivamente 3 cm, 5 cm e 9 cm non è possibile costruire un triangolo	Un triangolo che ha i tre lati uguali si dice equilatero	Si definisce triangolo rettangolo quello che ha un angolo retto
99	Calcolare il valore approssimato della misura della circonferenza che ha diametro doppio di un'altra circonferenza inscritta in un poligono di area 65 cm² e perimetro di 13 cm.	125, 6 cm	242,3 cm	112,8 cm	161,9 cm
100	Il lato obliquo di un triangolo isoscele è lungo 55 cm ed è i 5/3 della base. Quanto misura il perimetro?	121 cm	96 cm	158 cm	143 cm
101	Calcolare la misura del raggio della circonferenza inscritta in un poligono la cui area è 1.440 cm² e il perimetro misura 200 cm.	18 cm	12,2 cm	21,3 cm	14,4 cm

#	Domanda	A	B	C	D
102	Calcolare l'area di un poligono il cui perimetro misura 60 cm, circoscritto a una circonferenza di 8 cm di raggio.	120 cm²	260 cm²	180 cm²	240 cm²
103	I cateti di un triangolo rettangolo stanno tra loro come 5 sta a 2 e la loro somma misura 91 cm. Calcola l'area del triangolo.	840 cm^2	854 cm^2	850 cm^2	845 cm^2
104	La somma degli angoli interni di un poligono qualsiasi è data:	Da un angolo piatto	Dal numero dei lati del poligono più due, moltiplicato per un angolo piatto	Da un angolo giro	Dal numero dei lati del poligono meno due, moltiplicato per un angolo piatto
105	L'area di una faccia di un cubo è 49 cm². Calcolare il volume del cubo.	523 cm³	234 cm³	413 cm³	343 cm³
106	Quale tra le seguenti affermazioni sui poligoni è ERRATA?	Si dice area di un poligono la somma dei suoi lati	Si dice rettangolo ogni parallelogrammo avente tutti gli angoli retti	Il pentagono è un poligono di 5 lati	Il rombo è un parallelogrammo che ha i quattro lati uguali
107	Indicare quale tra le seguenti affermazioni sui poligoni è CORRETTA.	Si dice area di un poligono la somma dei suoi lati	Ogni poligono si dice equilatero se non ha tutti i lati congruenti	Il rombo non è un poligono	Il pentagono è un poligono di 5 lati
108	Di seguito sono proposti alcuni principi sulla retta e le sue parti. Indicare quale tra essi è ERRATO.	Un segmento è la parte di retta limitata da due suoi punti che si dicono estremi del segmento	Due segmenti sono congruenti se trasportando uno sull'altro si sovrappongono esattamente	Se due rette sono parallele tutti i punti di una di esse hanno diversa distanza dall'altra retta	Si dice semiretta ciascuna delle due parti in cui una retta rimane divisa da un suo punto
109	Si chiama corda:	Una linea curva chiusa formata dall'insieme dei punti di un piano che hanno distanza diversa da un punto fisso di tale piano detto centro	Solo quel segmento che passa per il centro della circonferenza	La parte di piano limitata da una curva chiusa e dai punti interni ad essa	Ogni segmento avente per estremi due qualsiasi punti della circonferenza
110	Calcolare la misura del raggio della circonferenza inscritta in un poligono la cui area è 360 cm² e il perimetro misura 144 cm.	5 cm	14 cm	9 cm	6 cm
111	Indicare quale tra le seguenti affermazioni sui poligoni è CORRETTA.	Si dice area di un poligono la somma dei suoi lati	L'ottagono è un poligono di 3 lati	Ogni poligono si dice equilatero se non ha tutti i lati congruenti	Un trapezio si dice rettangolo se uno dei due lati obliqui è perpendicolare alle basi
112	In un rombo la diagonale minore misura 4 cm e la maggiore è il quadruplo della minore. Calcolare l'area.	38 cm²	30 cm²	32 cm²	35 cm²
113	Il raggio r di un cerchio è lungo 11 cm. Calcolare l'area approssimata del cerchio.	189,20 cm²	379,94 cm²	325,18 cm²	297,12 cm²
114	Supponendo di disegnare un cerchio con un compasso, la posizione occupata dalla punta fissa del compasso si dice:	Corda del cerchio	Raggio del cerchio	Arco del cerchio	Centro del cerchio
115	Quale tra le seguenti affermazioni sui poligoni è ERRATA?	Un trapezio si dice isoscele se i lati obliqui sono congruenti	L'esagono è un poligono di 6 lati	Si dice quadrilatero ogni poligono che ha quattro lati e quattro angoli	Ogni poligono si dice equilatero se non ha tutti i lati congruenti
116	Calcolare il valore approssimato della misura della circonferenza che ha diametro doppio di un'altra circonferenza inscritta in un poligono di area 44 cm² e perimetro di 22 cm.	70,02 cm	63,12 cm	50,24 cm	42,22 cm
117	Calcolare il valore approssimato della misura della circonferenza che ha diametro doppio di un'altra circonferenza inscritta in un poligono di area 72 cm² e perimetro di 12 cm.	163,6 cm	170,72 cm	142,8 cm	150,72 cm

#	Domanda	A	B	C	D
118	Di seguito sono proposti alcuni principi sui triangoli. Indicare quale tra essi è ERRATO.	Si definisce ottusangolo il triangolo che ha un angolo ottuso	Con tre listelli lunghi rispettivamente 6 cm, 12 cm e 20 cm non è possibile costruire un triangolo	Un triangolo che ha due lati uguali si dice isoscele	Le tre altezze di ogni triangolo, o i loro prolungamenti, passano tutte per uno stesso punto detto baricentro
119	Indicare quale principio sui triangoli è corretto.	In ogni triangolo ciascun lato è sempre minore della somma degli altri due	Con tre listelli lunghi rispettivamente 3 cm, 6 cm e 10 cm è possibile costruire un triangolo	La somma degli angoli interni di un triangolo è sempre di 120°	Un triangolo che ha i tre lati uguali si dice scaleno
120	Di seguito sono proposti alcuni principi sui triangoli. Indicare quale tra essi è ERRATO.	Con tre listelli lunghi rispettivamente 6 cm, 5 cm e 4 cm si costruisce un triangolo scaleno	Se si divide un triangolo equilatero in due parti perfettamente uguali si ottengono due triangoli rettangoli	Un triangolo è un poligono con tre lati	Le tre bisettrici degli angoli di un triangolo passano tutte per uno stesso punto, interno al triangolo, detto ortocentro
121	Una linea curva chiusa formata dall'insieme dei punti di un piano che sono ugualmente distanti da un punto fisso di tale piano detto centro è denominata:	Circonferenza	Cerchio	Corda	Raggio
122	Calcolare la misura del raggio della circonferenza inscritta in un poligono la cui area è 180 cm² e il perimetro misura 72 cm.	5 cm	8 cm	12 cm	7 cm
123	I cateti di un triangolo rettangolo stanno tra loro come 7 sta a 10 e la loro somma misura 85 cm. Calcola l'area del triangolo.	875 cm^2	800 cm^2	857 cm^2	900 cm^2
124	Calcolare l'area laterale di un parallelepipedo, sapendo che l'area totale è di 32 cm² e l'area di una base 6,25 cm².	14,2 cm²	12,9 cm²	19,5 cm²	13,9 cm²
125	I lati di due triangoli tra loro simili ...	Devono sempre rispettare la proporzione 1:2	Sono proporzionali	Non devono rispettare nessun tipo di proporzionalità	Devono necessariamente essere uguali
126	L'area di una faccia di un cubo è 64 cm². Calcolare il volume del cubo.	583 cm³	512 cm³	923 cm³	629 cm³
127	Di seguito sono proposti alcuni principi sulla circonferenza e sul cerchio. Indicare quale tra essi è CORRETTO.	Tutti i raggi di un cerchio sono diversi tra loro	Il cerchio è una figura solida	Il diametro nel cerchio è il doppio del raggio	Il cerchio come tutti i solidi ha tre dimensioni, ovvero lunghezza, larghezza e altezza
128	Un lingottino d'oro pesa 579 g. Sapendo che il peso specifico dell'oro è 19,3, determinare il volume del lingottino.	35 cm³	30 cm³	15 cm³	25 cm³
129	Calcolare la misura del perimetro di un poligono la cui area è 120 cm², circoscritto a una circonferenza di 5 cm di raggio.	62 cm	38 cm	48 cm	56 cm
130	Siano x, y e z le misure dei lati di un triangolo qualunque. Siano, inoltre: x = z + 8 e y = x - 4. Quanto sono lunghi i lati del triangolo, sapendo che il suo perimetro è pari a 60 cm?	x = 24, y = 16 e z = 20	x = 20, y = 24 e z = 16	x = 24, y = 20 e z = 16	x = 20, y = 20 e z = 20
131	Un triangolo è circoscritto a una circonferenza di raggio 4 cm. Calcolare l'area del triangolo, sapendo che i lati misurano 5 cm, 10 cm, 9 cm.	36 cm²	48 cm²	54 cm²	60 cm²
132	Qual è la formula con cui si può trovare l'area di un poligono regolare?	(circonferenza circoscritta al poligono · apotema) · 2	(perimetro · raggio del poligono) · 2	(semiperimetro · apotema)/2	(perimetro · apotema)/2
133	Calcolare l'area di un poligono il cui perimetro misura 118 cm, circoscritto a una circonferenza di 18 cm di raggio.	1.620 cm²	1.800 cm²	1.080 cm²	1.062 cm²

#	Domanda	A	B	C	D
134	Di seguito sono proposti alcuni principi sui triangoli. Indicare quale tra essi è CORRETTO.	Con tre listelli lunghi rispettivamente 16 cm, 16 cm e 10 cm si costruisce un triangolo scaleno	Le tre altezze di ogni triangolo, o i loro prolungamenti, passano tutte per uno stesso punto detto ortocentro	Si definisce acutangolo il triangolo che ha un angolo ottuso	Un triangolo che ha due lati uguali si dice equilatero
135	Calcolare la misura del perimetro di un poligono la cui area è 240 cm², circoscritto a una circonferenza di 8 cm di raggio.	66 cm	60 cm	84 cm	58 cm
136	Calcolare il peso specifico di un materiale avente un peso di 60 kg e un volume di 50 dm³.	3,2 kg/dm³	0,25 kg/dm³	1,2 kg/dm³	2,4 kg/dm³
137	Indica quale tra le seguenti affermazioni relative al triangolo isoscele è corretta:	Ogni altezza è anche asse di simmetria	C'è un asse di simmetria	Le altezze sono sempre interne al triangolo	Ogni bisettrice è sempre anche mediana e altezza
138	Si consideri un solido avente il peso di 52 g. Calcolarne il volume supponendo che è costituito di marmo (peso specifico = 2,6).	35 cm³	20 cm³	25 cm³	22 cm³
139	Sapendo che un triangolo rettangolo ha un angolo acuto di 45° ed un cateto di 15 cm calcolare l'area del triangolo.	125 cm²	75 cm²	225 cm²	112,5 cm²
140	Indicare quale tra le seguenti affermazioni sui poligoni è CORRETTA.	Si dice quadrilatero ogni poligono che ha quattro lati e quattro angoli	Solo i quadrilateri sono poligoni	Il quadrato è un parallelogrammo che non ha tutti i lati congruenti	L'esagono è un poligono di 3 lati
141	Una diagonale di un rombo circoscritto a una circonferenza misura 27 cm ed è 3/4 dell'altra. Calcolare l'area del rombo.	526 cm²	486 cm²	226 cm²	312 cm²
142	I cateti di un triangolo rettangolo stanno tra loro come 3 sta a 2 e la loro somma misura 85 cm. Calcola l'area del triangolo.	876 cm^2	800 cm^2	867 cm^2	900 cm^2
143	Di seguito sono proposti alcuni principi sui triangoli. Indicare quale tra essi è CORRETTO.	Si definisce acutangolo il triangolo che ha un angolo ottuso	Un triangolo che ha due lati uguali si dice equilatero	In ogni triangolo ciascun lato è sempre maggiore della differenza degli altri due	Con tre listelli lunghi rispettivamente 3 cm, 6 cm e 10 cm è possibile costruire un triangolo
144	30 cm³ di un materiale avente peso specifico 0,6 pesano:	3 g	7 g	18 g	15 g
145	Noto il peso specifico (ps) e il volume (V) di un corpo, la formula per calcolarne il peso (P) è:	P = ps x V	P = ps / V	P = ps + V	P = ps - V
146	L'area di una faccia di un cubo è 81 cm². Calcolare il volume del cubo.	829 cm³	729 cm³	627 cm³	783 cm³
147	Indicare quale tra le seguenti affermazioni sui poligoni è CORRETTA.	Solo i quadrati si possono definire poligoni	Esistono poligoni di soli due lati	L'esagono è un poligono di 12 lati	Un trapezio si dice isoscele se i lati obliqui sono congruenti
148	Calcolare la misura della circonferenza sapendo che a un angolo al centro di 12° corrisponde un arco di 36 mm.	1.091 mm	1.023 mm	1.080 mm	932 mm
149	L'area di una faccia di un cubo è 25 m². Calcolare il volume del cubo.	125 m³	134 m³	113 m³	123 m³
150	Quale tra le seguenti affermazioni sui poligoni è ERRATA?	Si dice quadrilatero ogni poligono che ha quattro lati e quattro angoli	Il quadrato è un parallelogrammo che ha tutti i lati congruenti	Si dice perimetro di un poligono la somma dei suoi lati	L'esagono è poligono di 4 lati
151	Un oggetto in ottone ha volume di 15 dm³ e peso specifico pari a 8,5. Qual è il suo peso?	132 kg	127,5 kg	225 kg	170 kg
152	In un rombo la diagonale minore misura 4 cm e la maggiore è il quintuplo della minore. Calcolare l'area.	44 cm²	40 cm²	42 cm²	38 cm²

#	Domanda	A	B	C	D
153	Sapendo che un triangolo rettangolo ha un angolo acuto di 45° ed un cateto di 12 cm calcolare l'area del triangolo.	71 cm²	72 cm²	73 cm²	74 cm²
154	Una diagonale di un rombo circoscritto a una circonferenza misura 38 cm ed è 2/5 dell'altra. Calcolare l'area del rombo.	884 cm²	1.805 cm²	1.462 cm²	1.902 cm²
155	Indicare quale tra le seguenti affermazioni sui poligoni è CORRETTA.	Si dice quadrilatero ogni poligono che ha tre lati e tre angoli	Si dice rettangolo ogni parallelogramma avente tutti gli angoli retti	Il quadrato è un parallelogramma che non ha tutti i lati congruenti	L'esagono è un poligono di 4 lati
156	Calcolare l'area laterale di un parallelepipedo, sapendo che l'area totale è di 64 m² e l'area di una base 12,5 m².	39 m²	42 m²	31 m²	29 m²
157	Di seguito sono proposti alcuni principi sui triangoli. Indicare quale tra essi è CORRETTO.	Con tre listelli lunghi rispettivamente 6 cm, 12 cm e 20 cm è possibile costruire un triangolo	Un triangolo che ha i tre lati disuguali si dice equilatero	La somma degli angoli interni di ogni triangolo è uguale ad un angolo piatto	Si definisce ottusangolo il triangolo che ha i tre angoli acuti
158	Di seguito sono proposti alcuni principi sulla circonferenza e sul cerchio. Indicare quale tra essi è CORRETTO	Una retta è esterna ad una circonferenza se ha almeno un punto in comune con essa	Tutti i raggi di un cerchio sono diversi tra loro	Due linee spezzate formano una corda	Il cerchio è una figura piana
159	Indicare quale tra le seguenti affermazioni sui poligoni è CORRETTA.	Si dice quadrato ogni parallelogramma avente tutti i lati congruenti e tutti gli angoli congruenti, quindi retti	Il quadrato è un poligono di 5 lati	Si dice perimetro di un poligono la metà della somma dei suoi lati	Il rettangolo è un parallelogramma avente tutti gli angoli acuti
160	Di seguito sono proposti alcuni principi sulla circonferenza e sul cerchio. Indicare quale tra essi è ERRATO.	Il diametro nel cerchio è il doppio del raggio	Il cerchio è una figura piana	L'area di un cerchio si ottiene moltiplicando il quadrato della misura del raggio per π	Due circonferenze o due cerchi aventi lo stesso raggio non sono congruenti
161	Indicare quale tra le seguenti affermazioni sui poligoni è CORRETTA.	Solo il trapezio si può definire poligono	L'ottagono è un poligono di 4 lati	Si dice perimetro di un poligono la somma dei suoi lati	Il rombo è un poligono di 5 lati
162	Calcolare la misura della circonferenza sapendo che a un angolo al centro di 16° corrisponde un arco di 46 mm.	1.071 mm	1.123 mm	1.035 mm	960 mm
163	Noto il peso (P) e il volume (V) di un corpo, la formula per calcolarne il peso specifico (ps) è:	Ps = P x V	Ps = V / P	Ps = P + V	Ps = P / V
164	Un cono di cristallo pesa 325 kg. Sapendo che il peso specifico del cristallo è 2,6 calcolare il volume del cono.	250 dm³	220 dm³	125 dm³	120 dm³
165	In un rettangolo la diagonale misura 26 cm e l'altezza 13 cm. Quanto misurano gli angoli acuti dei due triangoli individuati dalla diagonale?	30° e 60°	35° e 55°	45° e 45°	40° e 50°
166	Di seguito sono proposti alcuni principi sui triangoli. Indicare quale tra essi è ERRATO.	Se due triangoli sono tali che ciascun lato dell'uno è congruente ad un lato dell'altro i due triangoli non sono congruenti	Con tre listelli lunghi rispettivamente 5 cm, 5 cm e 5 cm si costruisce un triangolo equilatero	Si definisce acutangolo il triangolo che ha tre angoli acuti	Un triangolo è un poligono con tre lati
167	Calcolare l'area laterale di un parallelepipedo retto il cui perimetro misura 64,2 cm e l'altezza 0,9 cm.	49,21 cm²	51.29 cm²	61,23 cm²	57,78 cm²
168	Calcolare l'altezza di una piramide il cui volume è 5,1 cm³ e l'area di base 10,2 cm².	3,5 cm	1,5 cm	5 cm	2,5 cm
169	Due diedri sono consecutivi. La somma delle ampiezze delle loro sezioni normali è di 100° e una supera l'altra di 30°. Calcolare le due ampiezze.	35° e 65°	40° e 60°	45° e 55°	30° e 70°

#	Domanda	A	B	C	D
170	Calcolare la lunghezza della proiezione A'B' sul piano α del segmento AB lungo 15 cm, sapendo che le distanze dei punti A e B dal piano sono rispettivamente 36 cm e 24 cm.	2 cm	9 cm	7 cm	5 cm
171	Calcolare l'area di un settore circolare ampio 24° che appartiene a un cerchio di area 1.080 m².	74 m²	68 m²	56 m²	72 m²
172	Calcolare l'area della superficie laterale e totale di un cono, sapendo che l'altezza e il raggio misurano rispettivamente 8 cm e 6 cm.	60π cm²; 106π cm²	90π cm²; 96π cm²	60π cm²; 96π cm²	80π cm²; 116π cm²
173	Calcolare la misura dell'altezza di un cilindro il cui volume è di 450 cm³ e la cui area di base è 90 cm².	3 cm	10 cm	7 cm	5 cm
174	Calcolare il volume di un prisma esagonale regolare alto 15 cm, in cui il lato dell'esagono di base misura 10 cm (numero fisso=0,866).	2.617 cm³	3.125 cm³	3.897 cm³	2.432 cm³
175	Calcolare l'area di un settore circolare ampio 72° che appartiene a un cerchio di area 21,6 m².	5,24 m²	4,32 m²	3,68 m²	4,16 m²
176	In un cubo il cui spigolo misura 11 cm è incavato un cubo di 5 cm di spigolo. Calcolare la superficie totale del solido composto.	676 cm²	986 cm²	206 cm²	826 cm²
177	1,728 cm³ è il volume di un cubo in cui la somma di tutti gli spigoli è:	10,2 cm	18,9 cm	14,4 cm	8,9 cm
178	Calcolare il volume di un prisma ottagonale regolare alto 10 cm, il cui lato di base misura 5 cm (numero fisso=1,207).	2.464 cm³	1.078 cm³	1.207 cm³	2.236 cm³
179	Calcolare il raggio di una sfera il cui volume è 904,32 cm³.	9 cm	2 cm	6 cm	5 cm
180	Calcolare (approssimativamente) l'area di una corona circolare, sapendo che i raggi delle circonferenze che la limitano sono rispettivamente lunghi 1,4 m e 2,6 m.	19,125 m²	10,120 m²	16,002 m²	15,072 m²
181	Calcolare l'area laterale di un parallelepipedo retto il cui perimetro misura 56,1 cm e l'altezza 0,8 cm.	44,88 cm²	31.31 cm²	63,13 cm²	59,11 cm²
182	In un cubo il cui spigolo misura 16 cm è incavato un cubo di 12 cm di spigolo. Calcolare il volume del solido composto.	2.865 cm³	1.675 cm³	2.368 cm³	4.115 cm³
183	Calcolare l'area totale di un parallelepipedo rettangolo in cui le dimensioni di base misurano rispettivamente 7,2 cm e 3,4 cm e l'altezza 8,5 cm.	233,16 cm²	259,16 cm²	229,16 cm²	221.16 cm²
184	Calcolare l'area di base di un cilindro che ha area totale e laterale rispettivamente di 90 cm² e 15 cm².	43,5 cm²	47,5 cm²	55,5 cm²	37,5 cm²
185	Due cubi sono sovrapposti. Lo spigolo di uno misura 9 cm, lo spigolo dell'altro cubo 8 cm. Calcolare il volume totale del solido composto.	1.241 cm³	1.995 cm³	1.089 cm³	1.025 cm³
186	Calcolare l'altezza di un cilindro sapendo che il volume è di 78,5 cm³ e la circonferenza misura 15,7 cm.	8 cm	4 cm	6 cm	2 cm
187	Calcolare il volume di una piramide che ha area di base di 70 cm² e altezza di 15 cm.	308 cm³	550 cm³	350 cm³	235 cm³
188	Calcolare il volume di un cilindro la cui altezza misura 2,3 cm e che ha area di base di 13 cm².	12,1 cm³	29,9 cm³	32,4 cm³	19,2 cm³

#	Domanda	A	B	C	D
189	Calcolare l'area della superficie di una sfera con area del cerchio massimo di 80 cm².	320 cm²	400 cm²	240 cm²	160 cm²
190	In un cubo il cui spigolo misura 14 cm è incavato un cubo di 10 cm di spigolo. Calcolare la superficie totale del solido composto.	2.676 cm²	1.206 cm²	3.986 cm²	1.576 cm²
191	Calcolare il volume di un prisma la cui altezza misura 18 cm e l'area di base è 40 cm².	780 cm³	720 cm³	920 cm³	620 cm³
192	Due diedri sono consecutivi. La somma delle ampiezze delle loro sezioni normali è di 200° e una supera l'altra di 60°. Calcolare le due ampiezze.	60° e 140°	40° e 160°	70° e 130°	75° e 125°
193	Calcolare il raggio di una sfera avente la superficie che misura 153,86 cm².	2,5 cm	3,5 cm	4,5 cm	1,5 cm
194	In un cubo il cui spigolo misura 11 cm è incavato un cubo di 9 cm di spigolo. Calcolare il volume del solido composto.	602 cm³	115 cm³	429 cm³	865 cm³
195	In un cubo il cui spigolo misura 12 cm è incavato un cubo di 6 cm di spigolo. Calcolare la superficie totale del solido composto.	2.006 cm²	1.206 cm²	3.006 cm²	1.008 cm²
196	Calcolare la misura dell'apotema di un cono, sapendo che l'altezza e il raggio misurano rispettivamente 35 cm e 12 cm.	29 cm	18 cm	37 cm	41 cm
197	178,32 cm² è l'area totale di un parallelepipedo rettangolo in cui le dimensioni di base misurano rispettivamente:	6,9 cm e 2,8 cm e l'altezza 7,2 cm	5,9 cm e 1,8 cm e l'altezza 6,2 cm	6,3 cm e 1,8 cm e l'altezza 7,2 cm	6,7 cm e 1,6 cm e l'altezza 4,2 cm
198	Calcolare la lunghezza della proiezione A'B' sul piano α del segmento AB lungo 5 cm, sapendo che le distanze dei punti A e B dal piano sono rispettivamente 12 cm e 8 cm.	2 cm	3 cm	6 cm	5 cm
199	Calcolare l'area di un settore circolare, sapendo che il raggio r misura 12 cm e l'arco l corrispondente misura 15 cm.	90 cm²	96 cm²	75 cm²	88 cm²
200	Sapendo che l'altezza di un prisma misura 7 cm e il volume è di 371 cm³, calcolare l'area della base del prisma.	61 cm²	53 cm²	13 cm²	63 cm²
201	Calcolare il volume di un prisma pentagonale regolare alto 15 cm in cui il lato e l'apotema del pentagono di base misurano rispettivamente 8 cm e 5,5 cm.	1.650 cm³	1.250 cm³	2.400 cm³	2.960 cm³
202	Calcolare (approssimativamente) l'area di una corona circolare, sapendo che i raggi delle circonferenze che la limitano sono rispettivamente lunghi 2,6 m e 3,1 m.	6,92 m²	9,25 m²	10,20 m²	8,95 m²
203	Due cubi sono sovrapposti. Lo spigolo di uno misura 12 cm, lo spigolo dell'altro cubo 7 cm. Calcolare il volume totale del solido composto.	1.005 cm³	4.025 cm³	2.071 cm³	3.025 cm³
204	Calcolare (approssimativamente) l'area di una corona circolare, sapendo che i raggi delle circonferenze che la limitano sono rispettivamente lunghi 2,9 m e 3,3 m.	9,87 m²	7,79 m²	10,12 m²	6,22 m²
205	Calcolare (approssimativamente) la distanza del punto P dal punto R sapendo che PQ è congruente a QR e misura 12 cm e formano tra loro un angolo di 90°.	21 cm	14 cm	17 cm	16 cm

#	Domanda				
206	Calcolare l'area di base di un cilindro che ha area totale e laterale rispettivamente di 110 cm² e 45 cm².	32,5 cm²	77,5 cm²	14,5 cm²	25,5 cm²
207	Calcolare il volume di un cilindro la cui altezza misura 3,4 cm e che ha area di base di 12 cm².	45,8 cm³	40,8 cm³	20,8 cm³	50,8 cm³
208	Sapendo che l'altezza di un prisma misura 6 cm e il volume è di 234 cm³, calcolare l'area della base del prisma.	49 cm²	39 cm²	43 cm²	33 cm²
209	Il volume di un parallelepipedo rettangolo è 22.200 m³. Sapendo che due dimensioni misurano 60 m e 20 m, calcolare (approssimativamente) la misura della diagonale del parallelepipedo.	45,9 m	65,9 m	59,2 m	32,6 m
210	Calcolare il volume di un cubo in cui la somma di tutti gli spigoli è di 13,2 mm.	1,933 mm³	3,213 mm³	2,613 mm³	1,331 mm³
211	L'area della superficie totale di un prisma è 258 cm², l'area della superficie laterale è 120 cm². Calcolare l'area della superficie totale di un secondo prisma la cui area di base è 2/3 di quella del primo prisma e quella laterale è tripla dell'area di base.	260 cm²	230 cm²	330 cm²	360 cm²
212	Calcolare l'area di un settore circolare, sapendo che il raggio r e l'arco l corrispondente misurano rispettivamente 7 dm e 2,5 dm.	9,66 dm²	8,75 dm²	7,15 dm²	8,28 dm²
213	Calcolare il volume di una piramide che ha area di base di 76 cm² e altezza di 12 cm.	508 cm³	206 cm³	606 cm³	304 cm³
214	Calcolare il volume di una piramide che ha area di base di 68 cm² e altezza di 18 cm.	258 cm³	408 cm³	738 cm³	528 cm³
215	Calcolare l'area di un settore circolare il cui raggio misura 36 cm, sapendo che l'arco corrispondente è il doppio del raggio.	1.296 cm²	1,128 cm²	1.196 cm²	992 cm²
216	Calcolare l'area di un settore circolare, limitato da un arco lungo 65 m e di raggio 28 m.	910 m²	750 m²	990 m²	840 m²
217	Sapendo che l'altezza di un prisma misura 8 cm e il volume è di 408 cm³, calcolare l'area della base del prisma.	53 cm²	43 cm²	51 cm²	52 cm²
218	Due cubi sono sovrapposti. Lo spigolo di uno misura 10 cm, lo spigolo dell'altro cubo 5 cm. Calcolare il volume totale del solido composto.	3.225 cm³	1.125 cm³	2.125 cm³	1.985 cm³
219	Calcolare la misura del raggio di un cilindro equilatero il cui volume misura 6.280 cm³.	20 cm	15 cm	25 cm	10 cm
220	Sapendo che l'altezza di un prisma misura 9 cm e il volume è di 423 cm³, calcolare l'area della base del prisma.	43 cm²	23 cm²	47 cm²	32 cm²
221	In un cubo il cui spigolo misura 15 cm è incavato un cubo di 8 cm di spigolo. Calcolare il volume del solido composto.	3.115 cm³	1.865 cm³	4.229 cm³	2.863 cm³
222	Calcolare l'area di un settore circolare ampio 48° che appartiene a un cerchio di area 2.160 m².	288 m²	168 m²	356 m²	474 m²
223	Calcolare l'area di un settore circolare ampio 12° che appartiene a un cerchio di area 540 m².	16 m²	18 m²	13 m²	14 m²
224	Calcolare il volume di un prisma la cui altezza misura 16 cm e l'area di base è 30 cm².	480 cm³	560 cm³	220 cm³	380 cm³

#	Domanda	A	B	C	D
225	Calcolare il volume di un cono in cui l'altezza e la circonferenza misurano rispettivamente 84 cm e 314 cm.	70.000π cm³	90.000π cm³	60.000π cm³	80.000π cm³
226	Sapendo che l'altezza di un prisma misura 6 cm e il volume è di 270 cm³, calcolare l'area della base del prisma.	33 cm²	52 cm²	43 cm²	45 cm²
227	La somma degli spigoli di un cubo misura 30 cm. Si calcoli la misura della diagonale e l'area della superficie totale.	Diagonale 4,33 cm e area superficie totale 37,5 cm²	Diagonale 3,31 cm e area superficie totale 47,5 cm²	Diagonale 3,31 cm e area superficie totale 37,5 cm²	Diagonale 4,33 cm e area superficie totale 47,5 cm²
228	Calcolare il volume di un cubo in cui la somma di tutti gli spigoli è di 15,6 cm.	2,897 cm³	2,197 cm³	1,197 cm³	3,167 cm³
229	Calcolare la misura del raggio di un cilindro alto 100 cm il cui volume è di 314 cm³.	2 cm	10 cm	1 cm	20 cm
230	Calcolare il volume di un cilindro la cui altezza misura 4,6 cm e che ha area di base di 25 cm².	92 cm³	111 cm³	115 cm³	121 cm³
231	Una piramide regolare a base quadrata ha volume di 108 cm³ e l'altezza misura 9 cm. Calcolare la misura del perimetro della piramide.	6 cm	18 cm	24 cm	12 cm
232	Calcolare il volume di un prisma la cui altezza misura 8 m e l'area di base è 36 m².	336 m³	170 m³	288 m³	174 m³
233	Il volume di un parallelepipedo rettangolo è 33.750 m³. Sapendo che due dimensioni misurano 50 m e 30 m, calcolare la misura della diagonale del parallelepipedo.	62,5 m	54 m	87,3 m	73,1 m
234	Calcolare la lunghezza della proiezione A'B' sul piano c del segmento AB lungo 10 cm, sapendo che le distanze dei punti A e B dal piano sono rispettivamente 24 cm e 16 cm.	3 cm	9 cm	8 cm	6 cm
235	Calcolare il volume di un prisma esagonale regolare alto 8 cm, in cui il lato dell'esagono di base misura 10 cm (numero fisso=0,866).	2.432,9 cm³	2.078,4 cm³	2.864,4 cm³	1.078 cm³
236	Calcolare il volume di una piramide che ha area di base di 74 cm² e altezza di 18 cm.	886 cm³	668 cm³	558 cm³	444 cm³
237	Calcolare il volume di una piramide che ha area di base di 72 cm² e altezza di 27 cm.	648 cm³	548 cm³	458 cm³	238 cm³
238	Calcolare (approssimativamente) la distanza del punto P dal punto R sapendo che PQ è congruente a QR e misura 20 cm e formano un angolo di 90°.	32,2 cm	26,6 cm	18,9 cm	28,3 cm
239	Calcolare, approssimativamente, il volume di una sfera di raggio 2 cm.	33,49 cm³	43,49 cm³	53,49 cm³	23,49 cm³
240	Calcolare l'altezza di una piramide il cui volume è 15 cm³ e l'area di base 18 cm².	4,5 cm	3 cm	5 cm	2,5 cm
241	Sapendo che l'altezza di un prisma misura 11 cm e il volume è di 682 cm³, calcolare l'area della base del prisma.	39 cm²	71 cm²	93 cm²	62 cm²
242	Calcolare l'altezza di una piramide il cui volume è 130 cm³ e l'area di base 78 cm².	7 cm	9 cm	5 cm	3 cm
243	Calcolare il volume di un prisma la cui altezza misura 14 cm e l'area di base è 28 cm².	264 cm³	392 cm³	260 cm³	480 cm³
244	Calcolare la misura del raggio di una sfera con volume di 113,04 cm³.	3 cm	5 cm	6 cm	2 cm
245	Calcolare l'area della superficie di una sfera con raggio che misura 10 cm.	2.256 cm²	1.200 cm²	3.207 cm²	1.256 cm²

246	Calcolare l'area di base di un cilindro che ha area totale e laterale rispettivamente di 70 cm² e 25 cm².	44,5 cm²	22,5 cm²	15,5 cm²	37,5 cm²
247	Calcolare il volume di un prisma la cui altezza misura 12 cm e l'area di base è 26 cm².	254 cm³	270 cm³	312 cm³	436 cm³
248	Calcolare l'area di un settore circolare, sapendo che il raggio misura 30 cm ed è i 2/3 dell'arco corrispondente.	715 cm²	675 cm²	560 cm²	478 cm²
249	Calcolare il volume di un cubo in cui la somma di tutti gli spigoli è di 20,4 cm.	4,913 cm³	6,107 cm³	2,147 cm³	5,897 cm³
250	In un cubo il cui spigolo misura 15 cm è incavato un cubo di 8 cm di spigolo. Calcolare la superficie totale del solido composto.	2.406 cm²	1.606 cm²	1.236 cm²	3.996 cm²

1 A	29 C	57 B	85 A	113 B	141 B	169 A	197 A	225 A
2 A	30 C	58 D	86 B	114 D	142 C	170 B	198 B	226 D
3 A	31 A	59 D	87 C	115 D	143 C	171 D	199 A	227 A
4 A	32 B	60 B	88 C	116 C	144 C	172 C	200 B	228 B
5 B	33 C	61 C	89 B	117 D	145 A	173 D	201 A	229 C
6 B	34 B	62 C	90 A	118 D	146 B	174 C	202 D	230 C
7 B	35 D	63 D	91 B	119 A	147 D	175 B	203 C	231 C
8 C	36 C	64 B	92 D	120 D	148 C	176 D	204 B	232 C
9 A	37 A	65 C	93 A	121 A	149 A	177 C	205 C	233 A
10 D	38 C	66 B	94 A	122 A	150 D	178 C	206 A	234 D
11 A	39 A	67 B	95 B	123 A	151 B	179 C	207 B	235 B
12 A	40 D	68 B	96 D	124 C	152 B	180 D	208 B	236 D
13 B	41 C	69 D	97 A	125 B	153 B	181 A	209 B	237 A
14 C	42 D	70 D	98 A	126 B	154 B	182 C	210 D	238 D
15 A	43 D	71 A	99 A	127 C	155 B	183 C	211 B	239 A
16 D	44 B	72 B	100 D	128 B	156 A	184 D	212 B	240 D
17 D	45 A	73 C	101 D	129 C	157 C	185 A	213 D	241 D
18 B	46 B	74 A	102 D	130 C	158 D	186 B	214 B	242 C
19 A	47 A	75 A	103 D	131 B	159 A	187 C	215 A	243 B
20 D	48 C	76 B	104 D	132 D	160 D	188 B	216 A	244 A
21 D	49 C	77 C	105 D	133 D	161 C	189 A	217 C	245 D
22 D	50 A	78 B	106 A	134 B	162 C	190 D	218 B	246 B
23 B	51 C	79 A	107 D	135 B	163 D	191 B	219 D	247 C
24 C	52 D	80 D	108 C	136 C	164 C	192 C	220 C	248 B
25 A	53 A	81 A	109 D	137 B	165 A	193 B	221 D	249 A
26 A	54 A	82 A	110 A	138 B	166 A	194 A	222 A	250 B
27 C	55 A	83 B	111 D	139 D	167 D	195 D	223 B	
28 B	56 C	84 C	112 C	140 A	168 B	196 C	224 A	

www.ingramcontent.com/pod-product-compliance
Lightning Source LLC
Chambersburg PA
CBHW062108220526
45471CB00010B/3648